METODOLOGIA CIENTÍFICA

Revisão técnica:

Ane Lise Pereira da Costa Dalcul
Doutora em Administração
Mestre em Engenharia Civil
Graduada em Engenharia Civil

L925m   Lozada, Gisele.
            Metodologia científica / Gisele Lozada e Karina da Silva
        Nunes; revisão técnica: Ane Lise Pereira da Costa Dalcul. – Porto
        Alegre : SAGAH, 2023.

            ISBN 978-65-5690-369-9

            1. Metodologia científica. I. Nunes, Karina da Silva.
        II. Título.

                                                        CDU 001.89

Catalogação na publicação: Mônica Ballejo Canto – CRB 10/1023

METODOLOGIA CIENTÍFICA

Gisele Lozada
Especialista em Controladoria e Finanças
Graduada em Administração de Empresas

Karina da Silva Nunes
Especialista em Gestão de Pessoas
Graduada em Biblioteconomia

Porto Alegre
2023

© SAGAH EDUCAÇÃO S.A., 2018

Gerente editorial: *Arysinha Affonso*

Colaboraram nesta edição:
Editora: *Marina Leivas Waquil*
Capa: *Cíntia Garcia*
Capa: *Paola Manica | Brand&Book*
Editoração: *Kaéle Finalizando Ideias*

Importante

Os *links* para *sites* da *Web* fornecidos neste livro foram todos testados, e seu funcionamento foi comprovado no momento da publicação do material. No entanto, a rede é extremamente dinâmica; suas páginas estão constantemente mudando de local e conteúdo. Assim, os editores declaram não ter qualquer responsabilidade sobre qualidade, precisão ou integralidade das informações referidas em tais *links*.

Reservados todos os direitos de publicação à
SAGAH EDUCAÇÃO S.A., uma empresa do GRUPO A EDUCAÇÃO S.A.

Rua Ernesto Alves, 150 – Bairro Floresta
90220-190 – Porto Alegre – RS
Fone: (51) 3027-7000

SAC 0800 703-3444 – www.grupoa.com.br

IMPRESSO NO BRASIL
PRINTED IN BRAZIL

A recente evolução das tecnologias digitais e a consolidação da internet modificaram tanto as relações na sociedade quanto as noções de espaço e tempo. Se antes levávamos dias ou até semanas para saber de acontecimentos e eventos distantes, hoje temos a informação de maneira quase instantânea. Essa realidade possibilita a ampliação do conhecimento. No entanto, é necessário pensar cada vez mais em formas de aproximar os estudantes de conteúdos relevantes e de qualidade. Assim, para atender às necessidades tanto dos alunos de graduação quanto das instituições de ensino, desenvolvemos livros que buscam essa aproximação por meio de uma linguagem dialógica e de uma abordagem didática e funcional, e que apresentam os principais conceitos dos temas propostos em cada capítulo de maneira simples e concisa.

Nestes livros, foram desenvolvidas seções de discussão para reflexão, de maneira a complementar o aprendizado do aluno, além de exemplos e dicas que facilitam o entendimento sobre o tema a ser estudado.

Ao iniciar um capítulo, você, leitor, será apresentado aos objetivos de aprendizagem e às habilidades a serem desenvolvidas no capítulo, seguidos da introdução e dos conceitos básicos para que você possa dar continuidade à leitura.

Ao longo do livro, você vai encontrar hipertextos que lhe auxiliarão no processo de compreensão do tema. Esses hipertextos estão classificados como:

Saiba mais

Traz dicas e informações extras sobre o assunto tratado na seção.

Fique atento

Alerta sobre alguma informação não explicitada no texto ou acrescenta dados sobre determinado assunto.

Exemplo

Mostra um exemplo sobre o tema estudado, para que você possa compreendê-lo de maneira mais eficaz.

Link

Indica, por meio de *links*, informações complementares que você encontra na Web.

https://sagah.com.br/

Todas essas facilidades vão contribuir para um ambiente de aprendizagem dinâmico e produtivo, conectando alunos e professores no processo do conhecimento.

Bons estudos!

Muitos de nós já nos perguntamos por que as pessoas perdem tempo em filas para comprar um produto; como evitar acidentes de trabalho; como reduzir os níveis de diabete infantil; quais as principais causas das ações trabalhistas; como a reciclagem de resíduos tem impactado na economia local. A questão maior é como conseguir tais respostas.

Podemos fazer suposições, perguntar para as pessoas, observar os acontecimentos ou apenas fazer conjecturas. Se, no entanto, quisermos saber as respostas para implementar soluções, precisaremos contextualizar nossas dúvidas. Será necessário, por exemplo, determinar qual produto pesquisar, onde é vendido; preço, qualidade, utilidade, concorrência, enfim, uma série de perguntas terão de ser feitas para chegar a uma correta conclusão. A partir daí, vamos em busca do que já se sabe sobre o assunto e escolhemos a maneira mais adequada de investigar e obter as respostas.

Os caminhos percorridos nessa jornada caracterizam a pesquisa e a metodologia a serem utilizadas. Essa análise baseada em fatos e dados é que definirá sua cientificidade.

Em todas as áreas do conhecimento, a metodologia científica contribui para a escolha e a efetivação de ações que possam resolver os problemas da população. No entanto, os interesses do pesquisador, as condições físico-financeiras e de tempo para a realização da pesquisa, dentre outros elementos, são os componentes que irão definir os caminhos a percorrer e os resultados alcançados.

O propósito deste material é justamente mostrar algumas possibilidades para que você, como pesquisador, possa trilhar seu caminho, sanar suas dúvidas e, consequentemente, gerar novos questionamentos e contribuir para novas pesquisas e, quem sabe, para o bem-estar da população. Estude! Questione! Investigue! Evolua! Contribua!

Ane Lise Pereira da Costa Dalcul

SUMÁRIO

Processo técnico-científico

Introdução

Estudar faz parte da trajetória de muitos indivíduos. Algumas pessoas passam suas vidas estudando e se dedicando a compreender determinado assunto. Esses estudiosos muitas vezes são chamados de "amantes da ciência", pois dedicam suas existências ao desenvolvimento científico. A constante busca dos estudos se deve aos mais diferentes objetivos, que vão da simples criação de alguma peça mecânica até grandes descobertas, como a cura de uma doença.

Neste capítulo, você vai estudar o que é ciência e descobrir a que ela se destina. Também vai identificar os diferentes tipos de conhecimento, dando maior atenção ao conhecimento científico. A ideia é que você desperte a sua curiosidade, criando e retroalimentando o círculo da ciência.

Ciência: conceito, objetivos e classificações

O que é ciência?

A palavra "ciência" vem do termo latino *scientia* e corresponde a "saber", "conhecer". Porém, responder efetivamente à indagação sobre o que é ciência requer cuidados. Para uma compreensão mais detalhada, é conveniente considerar que foram muitas as contribuições oferecidas ao longo dos séculos por cientistas, filósofos, historiadores e outros interessados no tema. Eles trouxeram numerosas definições, que envolvem referências metodológicas, ideológicas, filosóficas e técnicas das mais variadas, a partir das quais foram desenvolvidas várias e importantes correntes para análise, discussão e crítica da teoria da ciência e suas concepções. Tais definições fornecem subsídios para a compreensão da ciência como um conhecimento racional, sistemático, experimental, exato e verificável (BARROS; LEHFELD, 2000).

Nesse contexto, a ciência pode ser considerada um conjunto de conhecimentos viabilizado por meio da utilização adequada de métodos rigorosos, capazes de controlar os fenômenos e fatos estudados. A partir disso, o conhecimento pode ser fixado a objetos empíricos, por meio da utilização da observação e da experimentação. Isso tem permitido aos seres humanos controlar seus ambientes desde a sua origem, na pré-história, quando descobriram como trabalhar metais e agricultura. Com a ciência, o homem empenha-se na produção de explicações teóricas, não apenas com base no que pode ser observado, mas também a partir da noção de que a teoria pode fornecer observações inteligíveis, o que permite considerar que até mesmo as observações possuem uma carga de teoria (LINDBERG, 1992; GRAY, 2012).

Assim, existem diversas formas de se definir a ciência. De maneira geral, a ciência pode ser definida com base em duas ideias centrais e, de certa forma, antagônicas: uma baseada no contexto e nas condições em que a ciência ocorre e se desenvolve (prática); e outra baseada na parte conceitual e metodológica da ciência (teoria). Pode-se ainda considerar a ciência como o estudo de problemas formulados adequadamente em relação a um objeto. Nesse contexto, buscam-se soluções plausíveis para tais problemas por meio da utilização de métodos científicos. Ainda é possível afirmar que a ciência consiste no produto de estudos e conclusões derivadas de considerações de causas e efeitos inerentes a uma situação-problema. Enfim, a definição de ciência pode advir de vários paradigmas, que norteiam o trabalho do pesquisador na busca por respostas para questionamentos contínuos e críticos sobre a realidade (LINDBERG, 1992; BARROS; LEHFELD, 2000).

Nessa jornada, a ciência encontra na tecnologia uma aliada para aplicar o corpo de conhecimentos teóricos que a compõem. Se, por um lado, a ciência busca o conhecimento e as explicações e constrói teorias para explicar os fatos observados, por outro lado, a tecnologia aplica tais conhecimentos nas atividades práticas, ou seja, ela é prática e existe para transformar o mundo, não para teorizar sobre ele. Com a busca por desvendar o funcionamento do universo e a tecnologia que se ocupa de como empregar a ciência para controlar o universo em benefício da humanidade, atinge-se o conhecimento por meio do qual é possível fazer o universo evoluir no sentido que a humanidade deseja ou necessita. Nesse sentido, entender a ciência sob a égide dos mais variados domínios do saber é importante. Além disso, para um adequado direcionamento de seu embasamento e de sua contextualização, classificá-la é essencial (LINDBERG, 1992; BÊRNI; FERNANDEZ, 2012; KOLLER; COUTO; HOHENDORFF, 2014).

Classificações da ciência

Como você viu, a ciência pode ser entendida como um conjunto de conhecimentos pertinentes às mais diversas áreas de investigação, alcançados mediante o uso de um método específico. Portanto, é possível propor a classificação das ciências, o que pode ser feito de inúmeras formas. Em uma das classificações convencionais do conhecimento científico, as ciências são categorizadas com base em dois aspectos centrais: conteúdo e caráter (BÊRNI; FERNANDEZ, 2012). Veja a seguir.

- Classificação quanto ao conteúdo: ciências formais (não empíricas) e factuais (empíricas).
- Classificação quanto ao caráter: ciências puras e aplicadas.

Saiba mais

Empírico é algo baseado na experiência ou que dela resulta, decorrente da prática e da observação. É o oposto do teórico e do conceitual.

A classificação quanto ao conteúdo trata das ciências a partir de seu objeto de estudo. As ciências formais ou não empíricas estudam as ideias, enquanto as ciências factuais ou empíricas estudam os fatos. Já a classificação quanto ao caráter está focada nos objetivos que norteiam a investigação, buscando respostas ao "para quê" das ciências, visando a compreender suas finalidades e a que se destinam. As ciências puras são focadas na aquisição de novos conhecimentos e no desenvolvimento de teorias. Já as ciências aplicadas são voltadas para a aplicação de conhecimentos já existentes, para a aquisição de novos conhecimentos e para a resolução de problemas.

Também é importante você entender que as ciências formais são voltadas a objetos de investigação que não se referem a nenhum fenômeno integrante da realidade factual que possa ser percebido pelo intelecto humano. Por sua vez, as ciências empíricas tratam dos fatos, das relações entre fenômenos observados ou percebidos no mundo, buscando explicá-los ou predizer acontecimentos futuros. Por outro lado, a ciência pura diz respeito à ciência pela ciência, focada no conhecer "pelo conhecimento" e "para conhecer". Ela consiste no alicerce da ciência teórica, enquanto a ciência aplicada diz respeito "ao agir", correspondendo a um plano de intervenção que envolve a técnica (BÊRNI; FERNANDEZ, 2012; WAZLAWICK, 2014).

Fique atento

A ciência formal (ou não empírica) é sempre pura, já que não lida com entidades existentes no mundo real. Já a ciência factual (ou empírica) pode ser tanto pura como aplicada.

O cientista faz ciência aplicada quando tem por objetivo aumentar o poder de intervenção do homem sobre o mundo e sobre as coisas. É o caso da busca por conhecimentos visando a produzir um novo objeto ou prestar um novo serviço, ou ainda desenvolver uma nova tecnologia para sua produção. O resultado desse tipo de pesquisa se dirige ao âmbito social, almejando controle sobre o meio ambiente que abriga o homem, tornando o conhecimento uma forma de poder. É por esse motivo que se diz que a ciência aplicada atende a algum valor social validado pela possibilidade de atender necessidades humanas. Para compreender melhor as distinções, observe o Quadro 1 a seguir.

Exemplo

Einstein desenvolveu a teoria da relatividade — pesquisa pura —, que, posteriormente, foi utilizada para a criação do GPS — pesquisa aplicada.

Quadro 1. Classificação das ciências quanto ao seu conteúdo e ao seu caráter

Conteúdo			Caráter	
Formais (não empíricas)	Empíricas (factuais)		Puras	Aplicadas
Lógica matemática	Naturais	▣ Física ▣ Química ▣ Biologia	▣ Busca do conhecimento puro por meio de enunciados. ▣ Tem finalidade cognitiva.	▣ Busca de um sistema operatório. ▣ Tem finalidade pragmática.
–	Sociais e humanas	▣ Sociologia ▣ Ciência econômica ▣ Ciência política ▣ História ▣ Psicologia	–	–

Fonte: Adaptado de Bêrni e Fernandez (2012).

A classificação das ciências pode ainda ser baseada em muitos outros aspectos, permitindo a formação de várias outras categorias. Por exemplo (WAZLAWICK, 2014):

▣ exatas (como matemática, física, química) e inexatas (como meteorologia, economia e a maioria das ciências sociais);
▣ duras (utilizam o método científico de forma rigorosa) e moles (não utilizam o método científico ou, quando o fazem, não o adotam de forma tão rigorosa).

Outra possibilidade de classificação das ciências é aquela baseada nas áreas de conhecimento (Quadro 2), como a classificação utilizada pelo Conselho Nacional de Desenvolvimento Científico e Tecnológico (CNPq), importante agência que é ligada ao Ministério da Ciência, Tecnologia, Inovações e Comunicações (MCTIC) e que busca incentivar a pesquisa no Brasil.

Quadro 2. Áreas do conhecimento

Ciências agrárias	Agronomia, recursos florestais e engenharia florestal, engenharia agrícola, zootecnia, medicina veterinária, recursos pesqueiros e engenharia de pesca, ciência e tecnologia de alimentos.
Ciências biológicas	Biologia geral, genética, botânica, zoologia, ecologia, morfologia, fisiologia, biofísica, farmacologia, imunologia, microbiologia, parasitologia.
Ciências da saúde	Medicina, odontologia, farmácia, enfermagem, nutrição, saúde coletiva, fonoaudiologia, fisioterapia, terapia ocupacional, educação física.
Ciências exatas e da Terra	Matemática, probabilidade e estatística, ciência da computação, astronomia, física, química, geociências, oceanografia.
Engenharias	Engenharias civil, de minas, de materiais e metalúrgica, elétrica, mecânica, química, sanitária, de produção, nuclear, de transportes, naval e oceânica, aeroespacial, biomédica.
Ciências humanas	Filosofia, sociologia, antropologia, arqueologia, história, geografia, psicologia, educação, ciência política, teologia.
Ciências sociais aplicadas	Direito, administração, economia, arquitetura e urbanismo, planejamento urbano e regional, demografia, ciência da informação, museologia, comunicação, serviço social, economia doméstica, desenho industrial, turismo.
Linguística, letras e artes	Linguística, letras e artes.

Fonte: Adaptado de CNPQ ([200-?]).

Além das classificações que você viu, várias outras podem ser encontradas ou até mesmo criadas. Mas não basta classificar a ciência: o essencial é conhecer e entender o seu objetivo.

Link

O CNPq busca fomentar a ciência, a tecnologia e a inovação, entendendo-as como elementos centrais para o desenvolvimento da nação brasileira. Conheça mais sobre o CNPq e a sua importante missão no portal da agência, disponível no *link* a seguir.

http://www.cnpq.br

Objetivo da ciência

O objetivo de algo consiste em sua finalidade. No caso da ciência, o seu objetivo está focado no conhecimento dos objetos. Isso inclui tanto aqueles reais e situados no tempo e no espaço (como fenômenos físicos, psíquicos e sociais) quanto aqueles caracterizados pela intemporalidade e pela inespacialidade (como as ciências matemáticas e as relações de ideias). Você ainda pode considerar que o alvo da ciência está na necessidade que o homem possui de compreender e controlar a natureza das coisas e do universo, baseado naquilo que entende como certo, evidente e verdadeiro. É a partir de objetivos delineados que a ciência pode atender às suas três funções essenciais: descrever, explicar e prever os dados que cercam ou integram a realidade em estudo, permitindo tornar o mundo compreensível a partir de interpretações ordenadas (BARROS; LEHFELD, 2000).

Além disso, os objetivos e funções da ciência podem servir a questões como aumento e melhoria do conhecimento, descoberta de novos fatos e fenômenos, aproveitamento espiritual e material do conhecimento e estabelecimento de certo tipo de controle sobre a natureza. Em síntese, na intenção de definir o que é ciência e a que ela se destina, é válido considerar que as ciências possuem (LAKATOS; MARCONI, 2017):

- objetivo ou finalidade — preocupação em distinguir a característica comum ou as leis gerais que regem determinados eventos;
- função — aperfeiçoamento, por meio do crescente acervo de conhecimentos, da relação do homem com o seu mundo;
- objeto — subdivide-se em material (o que se pretende estudar, analisar, interpretar ou verificar, de modo geral) e formal (o enfoque especial, em face das diversas ciências que possuem o mesmo objeto material).

Essas variadas finalidades tornam o contexto do conhecimento um terreno bastante fértil. Nele, diferentes combinações de aspectos promovem o estabelecimento de formas distintas de compreender a ciência, dando origem a diferentes tipos de conhecimento, como você vai ver a seguir.

Tipos de conhecimento

Existem diferentes tipos de conhecimento, que incluem desde as formas mais primevas de conhecer (como o conhecimento mítico) até as mais sofisticadas (como o conhecimento científico-tecnológico). Todas elas convivem e estão entrelaçadas em muitos aspectos, com uma ou outra predominando conforme o estágio evolutivo do homem em sociedade (MEZZAROBA; MONTEIRO, 2017). Além disso, a produção de conhecimento pode decorrer de múltiplas fontes, permitindo que um mesmo fenômeno seja explicado de formas variadas, que podem ser tanto diferentes quanto divergentes. Seja qual for a fonte ou o motivo dessas diferenças, é de extrema relevância que você conheça o resultado promovido por esse contexto, que corresponde a diferentes tipos de conhecimento.

Conhecimento mítico

Também chamado de conhecimento mitológico, o conhecimento mítico está fortemente relacionado ao desejo humano de dominar o mundo. Por trás dele, está o intuito de afugentar o medo e a insegurança, permitindo ao homem atribuir determinados valores e explicações às leis da natureza, até então desconhecidas e assustadoras (MEZZAROBA; MONTEIRO, 2017).

Assim como o conhecimento religioso, o mítico também busca compreender a origem das coisas, dos seres e do mundo tendo como base narrativas que apelam para seres sobrenaturais. A narrativa mitológica consiste em um conhecimento que revela a origem do homem, do universo e dos deuses. Os mitos funcionam como justificativa para que o homem explique os fenômenos que não compreende inteiramente, mas que, utilizando sua capacidade imaginativa associada aos mitos, consegue justificar. Afinal, embora possuam caráter fictício, as narrativas mitológicas têm valor de verdade para as comunidades que as cultivam. Tais comunidades acreditam que as narrativas revelam as verdades proferidas pelos deuses, anunciadas apenas aos indivíduos escolhidos por eles (VERNANT, 2002).

Exemplo

Na sociedade grega antiga, somente poetas poderiam narrar os mitos, uma vez que eles eram indivíduos escolhidos pelos próprios deuses. Assim, tinham o dever de revelar aquilo que um dia os deuses lhes disseram.

Como você pode notar, o conhecimento mítico é um modo lúdico, ingênuo e de certa forma fantasioso de buscar explicações para fatos desconhecidos pelo homem. Porém, ele antecede a reflexão, por isso deixa de ser crítico, apresentando uma verdade instituída que dispensa a apresentação de provas para que seja aceita (MEZZAROBA; MONTEIRO, 2017).

Conhecimento religioso

O conhecimento religioso baseia-se na fé e pressupõe a existência de forças que estão além da compreensão humana, instâncias divinas consideradas criadoras de tudo o que existe (MEZZAROBA; MONTEIRO, 2017). Afinal, a religião carrega verdades sagradas e inquestionáveis, que revelam a estrutura da realidade conhecida e aceita pelo homem (LAKATOS; MARCONI, 2017). Assim, o conhecimento religioso não se fundamenta nos elementos naturais conhecidos pelo homem, e sim na divindade, sendo a religião o meio de compreensão dos desígnios divinos. Ela fornece o fio condutor que permite compreender questões como as relações de causa e efeito, a origem e a finalidade dos seres, os valores morais e políticos que regem a sociedade.

Exemplo

Embora uma árvore tenha como causa de sua origem uma dada semente, segundo o conhecimento religioso são os pressupostos divinos que deram origem à semente, assim como a todos os outros elementos.

Também chamado de conhecimento teológico, o conhecimento religioso é direcionado à compreensão da realidade homem-mundo em sua totalidade, tendo por objeto de estudo os princípios da vida. Estes, por sua vez, têm causa suficiente em outro ser (Deus), cuja existência divina é evidente. Por isso, tal existência dispensa a necessidade de ser demonstrada ou experimentada, ainda que seja analisada, interpretada e explicada (BARROS; LEHFELD, 2000).

Apoiado sobre doutrinas que contêm proposições sagradas (valorativas), por terem sido reveladas pelo sobrenatural (inspiracional), o conhecimento religioso considera que as verdades por ele defendidas são infalíveis e indiscutíveis (exatas). Assim, corresponde a um conhecimento sistemático do mundo (origem, significado, finalidade e destino) como obra de um criador divino, ainda que suas evidências não sejam verificáveis, pois nele está sempre implícita uma atitude de fé perante um conhecimento revelado (LAKATOS; MARCONI, 2017).

Tal conhecimento encontra-se nos livros sagrados, que não são necessariamente cristãos (BARROS; LEHFELD, 2000). A adesão das pessoas a esse tipo de conhecimento passa a ser um ato de fé, pois a visão sistemática do mundo é interpretada como decorrente do ato de um criador divino, cujas evidências não são postas em dúvida ou verificadas. Contudo, teologia e fé são coisas distintas. A teologia é uma reflexão lógica, ainda que se baseie primeiramente nos princípios da revelação, não da razão (LAKATOS; MARCONI, 2017).

Conhecimento filosófico

O conhecimento filosófico pode ser definido como uma maneira de pensar, uma atitude de reflexão diante do mundo, sendo que filosofar significa refletir criticamente sobre alguma coisa. Isso faz com que esse tipo de conhecimento não se apresente como um conjunto de conhecimentos prontos, um sistema de pensamento acabado ou fechado. Afinal, a filosofia trabalha no campo das ideias. Ela é uma forma de conhecer que prioriza o pensamento e a reflexão sobre os acontecimentos, coisas e objetos, que busca compreender muito além de sua pura aparência. Por esse motivo, a filosofia pode ser aplicada a qualquer área do conhecimento, inclusive ao conhecimento científico (MEZZAROBA; MONTEIRO, 2017).

Assim, você pode considerar que o conhecimento filosófico procura estabelecer uma relação coerente entre os fatos apresentados. Para isso, o filósofo se utiliza de capacidades crítica e reflexiva, buscando afastar-se dos preconceitos para elaborar conceitos universais. Como a filosofia não possui um objeto específico a ser estudado, ela produz conhecimento em diversas áreas do saber humano, almejando uma compreensão mais extensa dos fenômenos que compõem o universo. Em síntese, a filosofia é um saber que procura entender as causas essenciais dos fenômenos que regem o universo.

Além disso, o conhecimento filosófico é valorativo, ou seja, carrega um juízo de valor que é atribuído a ele e que pode ser diferente de uma pessoa para outra. Isso se deve ao fato de que as hipóteses das quais parte esse tipo de conhecimento não podem ser submetidas à observação, uma vez que hipóteses filosóficas baseiam-se na experiência, considerando que o conhecimento emerge da experiência e não da experimentação. Por esse motivo, o conhecimento filosófico é não verificável, já que os enunciados das hipóteses filosóficas, ao contrário do que ocorre no campo da ciência, não podem ser confirmados nem refutados (LAKATOS; MARCONI, 2017).

Fique atento

Embora fortemente conectados, experiência e experimento são coisas distintas. Veja a seguir.

- Experiência: empirismo, prática de vida, ensaio; experimentar, reconstruir e modificar algo.
- Experimento: método científico que consiste em provocar observações em condições especiais.

Além disso, o conhecimento filosófico é racional (por ser um conjunto de enunciados logicamente correlacionados) e sistemático (uma vez que suas hipóteses e enunciados visam a uma representação coerente da realidade estudada, como uma tentativa de compreensão total dela). Ele também é infalível e exato, visto que suas hipóteses e afirmações não são submetidas ao decisivo teste da observação (experimentação). Desse modo, o conhecimento filosófico é caracterizado pelo esforço da razão pura para, ao se deparar com questionamentos relativos aos problemas humanos, ser capaz de discernir entre o certo e o errado tendo como base única a própria razão humana. Afinal, o objeto de análise da filosofia são ideias, e estas não são redutíveis a realidades materiais. Por isso, não são passíveis de observação sensorial, como a que é exigida pela ciência experimental (LAKATOS; MARCONI, 2017).

O conhecimento filosófico emprega o método racional, em que prevalece o processo dedutivo que antecede a experiência, exigindo coerência lógica em vez de confirmação experimental. A filosofia procura o que é mais geral, interessando-se pela formulação de uma concepção unificada e unificante do universo. Para tanto, procura responder às grandes indagações do espírito humano, buscando inclusive leis universais que possam englobar e harmonizar as conclusões da ciência (LAKATOS; MARCONI, 2017).

Conhecimento popular

O conhecimento popular é também chamado de conhecimento espontâneo, vulgar ou senso comum. Esta última denominação deve-se ao fato de ser um tipo de conhecimento que se encontra ao alcance das pessoas "comuns", consideradas assim por não serem especialistas (como filósofos, cientistas e teólogos). Desse modo, o conhecimento popular corresponde a um tipo de saber que resulta de experiências vividas pelo homem na busca por solucionar seus problemas. Tais soluções se transformam em informações compartilhadas e passadas de geração em geração, sendo captadas, assimiladas e adaptadas à realidade de cada uma. Um aspecto relevante desse tipo de conhecimento é que ele é desprovido de teor crítico, uma vez que as razões daquilo que é aceito como verdadeiro não são questionadas (MEZZAROBA; MONTEIRO, 2017).

Em outras palavras, o conhecimento popular é aquele que deriva das tradições de um povo que, em virtude da sua cultura local, possui seus próprios costumes. Embora esses costumes nem sempre possuam explicações com fundamentos racionais, são baseados nas tradições transmitidas entre gerações. Ou seja, os costumes tradicionais resultam em crenças, que dão origem a esse tipo de conhecimento que permeia o consciente coletivo sem exigir explicações elaboradas nem comprovação científica.

 **Exemplo**

Existe a crença de que tomar leite e comer manga, misturados, faz mal. Isso é algo que não possui fundamentação científica, mas, em contrapartida, faz parte da crença popular.

Considerado empírico, o conhecimento popular deriva da interação e da observação do ambiente que rodeia o ser humano. É o conhecimento do dia a dia, obtido por meio da experiência cotidiana, decorrente do relacionamento diário do homem com seu meio. Por acontecer ao acaso, é considerado espontâneo; por não ser explicado rigorosamente, é tido como carente de objetividade. Além disso, por ser bastante focado, não permite uma visão ampla, de modo que é considerado incompleto (BARROS; LEHFELD, 2000).

Esse tipo de conhecimento é considerado reflexivo, porém limitado pela familiaridade com o objeto. Também é considerado valorativo, por ser fundamentado em uma seleção baseada no ânimo e nas emoções, em que os valores do sujeito cognoscente impregnam o objeto conhecido. Além disso, é percebido como assistemático, por ser baseado na organização particular das experiências próprias do sujeito cognoscente e não na sistematização das ideias, na procura de uma formulação geral que explique os fenômenos observados — aspectos que dificultam a transmissão, de pessoa a pessoa, desse modo de conhecer. Contudo, o conhecimento popular é verificável, visto que está limitado ao âmbito da vida diária e diz respeito ao que se pode perceber no dia a dia. Por fim, é ainda falível e inexato, pois se conforma com a aparência e com o que se ouviu dizer a respeito do objeto, o que impede a formulação de hipóteses sobre a existência de fenômenos situados além das percepções objetivas (LAKATOS; MARCONI, 2017).

Saiba mais

Cognoscente é aquele que conhece ou que tem a capacidade de conhecer. Desse modo, sujeito cognoscente é quem realiza o ato do conhecimento.

Conhecimento científico

Ao contrário dos conhecimentos que você viu até aqui, o conhecimento científico encontra os seus fundamentos na razão e na experimentação. Tal conhecimento é proveniente de hipóteses e experiências a partir das quais verdades universais são estabelecidas. Desse modo, é possível sintetizar o conhecimento científico como aquele que exige uma legitimação baseada em dados elaborados a partir de análises e comprovações teóricas e empíricas (LAKATOS; MARCONI, 2017). Ou seja, o conhecimento científico é:

- real (factual), pois lida com ocorrências ou fatos, ou seja, com toda forma de existência manifestada de algum modo;
- contingente, pois suas proposições ou hipóteses têm sua veracidade ou falsidade conhecida por meio da experiência e não apenas por meio da razão, como ocorre com o conhecimento filosófico;

- sistemático, visto que se trata de um saber ordenado logicamente, formando um sistema de ideias (teoria) e não conhecimentos dispersos e desconexos;
- verificável, a tal ponto que as afirmações (hipóteses) que não podem ser comprovadas não pertencem ao âmbito da ciência;
- falível, por não ser definitivo, absoluto ou final; por isso, é aproximadamente exato, ou seja, novas proposições e o desenvolvimento de técnicas podem reformular teorias existentes.

Como há cientificidade nesse tipo de conhecimento, ele abrange fatos e fenômenos perceptíveis pelos sentidos. Isso ocorre por meio do emprego de instrumentos, técnicas e recursos de observação. O método do conhecimento científico é experimental, pois caminha apoiado em fatos (reais e concretos por natureza), afirmando somente aquilo que é autorizado pela experimentação. Dessa forma, o procedimento científico leva a circunscrever, delimitar, fragmentar e analisar o que se constitui como objeto da pesquisa, atingindo segmentos da realidade.

Apesar da separação metodológica entre os diferentes tipos de conhecimento, no processo de compreensão da realidade do objeto, o sujeito cognoscente pode atuar nas diversas áreas. Por exemplo: pode estudar o homem e tirar conclusões sobre a sua atuação na sociedade (com base tanto no senso comum quanto na experiência cotidiana); pode analisar o homem como um ser biológico e verificar as relações existentes entre determinados órgãos e suas funções (por meio de investigação experimental); pode questionar a origem e o destino do homem, ou considerá-lo como ser criado pela divindade (conforme dizem os textos sagrados).

Isso torna possível que as diferentes formas de conhecimento coexistam na mesma pessoa. Por exemplo, um cientista pode ser crente praticante de determinada religião, seguir determinada filosofia e ainda agir segundo conhecimentos derivados do senso comum em muitos aspectos de sua vida cotidiana (LAKATOS; MARCONI, 2017). Além disso, ainda que existam várias diferenças entre os diversos tipos de conhecimento, também existem semelhanças entre eles, como você pode ver a seguir.

- O conhecimento mitológico também pode ser considerado de senso comum e religioso: por um lado, ele é tradicional, pois faz parte da cultura secular de um povo; por outro, ele é religioso, em virtude de cultuar figuras divinas.
- Os teólogos e cientistas consideram a teoria da evolução das espécies (especialmente do homem) por abordagens diversas: os teólogos funda-

mentam-se nos ensinamentos de textos sagrados, enquanto os cientistas buscam, por meio de suas pesquisas, fatos capazes de comprovar (ou refutar) suas hipóteses.

- Os conhecimentos científico, filosófico e teológico fundamentam-se em bases distintas: o primeiro baseia-se na evidência dos fatos observados e experimentalmente controlados, enquanto o segundo baseia-se em enunciados e na evidência lógica. Por fim, o terceiro baseia-se na revelação divina. Ou seja, os dois primeiros baseiam-se em evidências (ainda derivadas de origens distintas), enquanto terceiro dispensa a necessidade de evidências.

O fato é que essas características peculiares dos vários tipos de conhecimento permitem diferenciá-los ao mesmo tempo em que permitem que cada um deles gere conhecimento à sua maneira. No entanto, aquele conhecimento que permite a comprovação de fatos é de grande relevância para buscas de melhoria e para descobertas de processos, tecnologias e produtos importantes para o desenvolvimento da sociedade. A seguir, você vai conhecer melhor o conhecimento científico.

Saber e ciência: o que faz o conhecimento ser científico

Como você viu na seção anterior, existem vários tipos de conhecimento. Cada um deles possui características específicas, que os fazem servir para fins também específicos. Um desses tipos de conhecimento é o científico. Para que você possa compreender o conhecimento científico, convém primeiro retomar o conceito de ciência em seus aspectos mais fundamentais e até mesmo em sua origem.

A filosofia, que é tida como o primeiro modo de conhecer desenvolvido de forma mais rigorosa, já na Antiguidade demandava raciocínios mais profundos e sofisticados do que aqueles viabilizados pelo conhecimento mítico, religioso ou popular. Isso contribuiu para que a ciência viabilizasse um tipo de conhecimento sistematizado, preciso e objetivo, possibilitando o estudo, a descoberta e o desenvolvimento de relações entre os objetos, os fatos e as coisas existentes no mundo: o conhecimento científico. Desse modo, indo muito além do senso comum, o conhecimento científico tornou possível o conhecimento e a investigação dos objetos, dos fatos e das coisas a partir de suas causas, efeitos e leis próprias. Com isso, o homem passou a ser capaz de prever acontecimentos, podendo agir de forma mais eficiente e segura sobre as leis da natureza. Depois disso, ao longo dos tempos, a ciência passou a se especializar cada vez mais, perdendo seu caráter geral (MEZZAROBA; MONTEIRO, 2017).

Você já viu que a ciência não trata de verdades inquestionáveis, que devem ser aceitas indiscutivelmente. Ela procura a verdade, buscando oferecer respostas a respeito de possíveis causas sobre as quais se poderá agir ou interferir. Assim, você pode considerar que a ciência é objetiva, sendo baseada no que se pode ver, ouvir ou tocar, formando um cenário no qual opiniões ou preferências pessoais e suposições especulativas não se encaixam. É nessa conjuntura que o conhecimento científico é compreendido como conhecimento provado, considerando que as teorias científicas são derivadas de maneira rigorosa da obtenção dos dados da experiência, adquiridos por observação e experimento. Portanto, o conhecimento científico pode ser compreendido como conhecimento confiável porque é um conhecimento provado objetivamente (NOVELLI, 2010; CHALRMERS, 1993).

Nesse contexto, surgem termos peculiares e carregados de significado, como é o caso de "cientificidade". A cientificidade é a condição que deve ser possuída por algo para que seja considerado científico. Como ela se aplica a vários aspectos e pode ser atribuída às mais variadas áreas do saber humano, há um rol de cuidados específicos a serem seguidos para que o resultado imaginado — que é a ciência — seja gerado. Tais cuidados podem ser categorizados em critérios internos e externos de cientificidade. Os primeiros representam a característica intrínseca da cientificidade, sendo derivados da própria obra científica. Já os segundos representam a característica extrínseca, ou atribuída de fora, decorrendo da opinião sobre a obra científica em questão (DEMO, 2013).

 **Saiba mais**

Cientificidade é a qualidade de ciência, que qualifica o processo ou método como científico; é a condição que faz com que algo seja considerado científico.

Mas agora você pode estar se perguntando: como definir se algo pode ou não ser considerado científico? Para responder a esse questionamento, convém avaliar alguns dos aspectos ou características marcantes que são atribuídas ao que é considerado científico. A partir da compreensão desses aspectos, você vai entender de modo mais sintético e objetivo o que é considerado "científico".

O entendimento do conhecimento científico envolve também o entendimento do conhecimento propriamente dito, em sua forma mais essencial. Tal entendimento está focado em questões como: "de onde vem o conhecimento?", "seria ele algo gerado pelo homem ou decorrente do ambiente em que ele está inserido?". Existem diferentes linhas de pensamento que buscam responder a tais indagações, como as defendidas pelas correntes filosóficas denominadas racionalismo, empirismo e criticismo quando elas discutem sobre a origem do conhecimento. A seguir, você pode ver como essas três correntes fundamentais discorrem a respeito do tema (REALE, 2002).

- O racionalismo defende a ideia de que o sujeito já possui a capacidade de conhecimento do objeto de estudo (as chamadas "ideias inatas"). Também considera que o desenvolvimento da inteligência é determinado pelo indivíduo e não pelo meio, ou seja, ocorre de dentro para fora.
- O empirismo considera que o conhecimento se determina pela experiência e que a aquisição do conhecimento se dá por meio das vias sensoriais, de modo que é a partir da experiência intermediada pelos sentidos que são geradas as ideias. Assim, o desenvolvimento da inteligência é determinado pelo meio e não pelo sujeito, ou seja, ocorre de fora para dentro.
- O criticismo, por sua vez, busca a harmonia entre os sentidos e a razão. A ideia é que o homem possa conhecer melhor a si próprio e ao mundo, sendo pautado por algumas questões básicas, por exemplo: "o que se pode conhecer?", "como agir?", "o que esperar?", "o que é o homem?".

 **Fique atento**

Cada uma dessas correntes busca a cientificidade de forma própria. O empirismo, por exemplo, imagina encontrar a cientificidade no cuidado com a observação e com o trato da base experimental (DEMO, 2013).

Além de compreender algumas questões básicas sobre a origem do conhecimento, é importante também que você atente a outras relevantes questões desse contexto: o método e a técnica de pesquisa empregados na geração do conhecimento.

O método pode ser definido como um conjunto de procedimentos estruturados e estabelecidos previamente. Além de ser sistematizado e possuir objetivos definidos, ele precisa ser organizado e claro para que possa ser compreendido. Ou seja, a aplicação do método permite fornecer informações suficientes e de forma organizada, possibilitando que outras pessoas tenham acesso ao mesmo tipo de dados e possam replicar o estudo e obter resultados semelhantes e comparáveis (KOLLER; COUTO; HOHENDORFF, 2014). A pesquisa científica pode ser definida como um conjunto de processos sistemáticos e empíricos destinados ao estudo de um fenômeno. Ela é dinâmica, mutável e evolutiva. Além disso, seus processos apresentam variadas formas, que são as diferentes técnicas de pesquisa (SAMPIERI; COLLADO; LUCIO, 2013).

Desse modo, pesquisa e métodos são ferramentas muito relevantes na produção técnico-científica. A pesquisa consiste em um trabalho realizado por meio da investigação. Para realizá-la, é preciso ter um método, ou seja, é preciso definir e percorrer determinado caminho para que se possa chegar ao destino desejado, o que é viabilizado por meio da aplicação do método. Assim, é por meio do método que se pode viabilizar o principal objetivo da pesquisa, que consiste em encontrar as respostas às perguntas científicas que foram propostas, atingindo os objetivos que foram traçados. Ou seja, a pesquisa permite promover conhecimento, e o método corresponde ao "como" fazer isso.

A escolha do método depende de vários fatores. Um deles é o tipo de pesquisa que se pretende realizar. Como você sabe, existem diferentes tipos de pesquisa, cada uma com características e propósitos específicos. Pode-se, por exemplo, realizar uma pesquisa científica (ou pura), que é voltada ao estabelecimento de modelos, ou uma pesquisa tecnológica (ou aplicada), que é voltada à aplicação de tais modelos (BÊRNI; FERNANDEZ, 2012). Dadas as diferenças entre esses tipos de pesquisa, logicamente elas demandam diferentes métodos, que devem ser cuidadosamente avaliados e adequadamente escolhidos (GRAY, 2012).

Para que um discurso seja considerado científico, existem algumas exigências a serem atendidas. Duas delas são consideradas básicas: ser lógico e experimental. A primeira delas consiste na necessidade de o discurso ser lógico, não contendo contradições, devendo ainda se apresentar de maneira formal, em ordem racional. Além disso, ele precisa também possuir um texto bem estruturado e, acima de tudo, muito bem argumentado. A segunda diz respeito à necessidade de ser experimentado, fundamentando tal experimento em dados que possam ser mensuráveis, comprováveis e reatestáveis. Isso leva a uma condição de formalização rigorosa, à qual o objeto científico precisa ser capaz de atender, o que é atingido a partir de um formato lógico-experimental:

ser ao mesmo tempo lógico (matemático, formal) e experimental (comprovável empiricamente, mensurável) (DEMO, 2011).

Outro aspecto relevante a respeito do conhecimento científico está alicerçado sobre uma característica marcante da própria ciência, correspondendo ao fato de que a "[...] ciência sempre pode ser objeto de controvérsia" (DEMO, 2011, p. 20). Seguindo nessa linha, é possível dizer que algo só pode ser considerado científico se for discutível, ou seja, se possuir necessidade de discussão e se tal discussão tiver o sentido de constante reconstrução. Aqui, é preciso observar atentamente o seguinte: quando se diz que algo é "discutível", isso por vezes carrega uma denotação negativa, que caminha no sentido de não possuir fundamentação, ser duvidoso ou não poder ser aceito como verdadeiro.

Porém, quando se fala de ciência, a intenção é considerar tais aspectos com uma abordagem mais positiva, tomando como "discutível" aquilo que pode ser debatido, permitindo constante aprimoramento e evolução. No contexto das ciências, isso costuma ser denominado "discutibilidade", que pode ser compreendida como o principal critério de cientificidade, sendo examinada sob dois prismas: política e formalidade. A perspectiva política está baseada em critérios como intersubjetividade, argumento de autoridade, relevância social e ética, enquanto a formal possui características como coerência, consistência, sistematicidade, originalidade, argumentação e objetivação (DEMO, 2011).

A partir do que você viu até aqui, é possível compreender o alicerce sobre o qual o conhecimento é construído, que serve como base primordial para a criação e a recriação do conhecimento científico. A pesquisa permite testar e reforçar ideias já conhecidas, ou até mesmo criar novos pensamentos, ambos servindo à geração de padrões e aplicações destinadas ao objetivo para o qual a pesquisa se propôs. Para que a pesquisa possa trilhar seu caminho e chegar ao destino de seus objetivos, há os métodos. Dispostos a serviço da ciência e do conhecimento, eles auxiliam no processo de ordenação e padronização dos elementos integrantes da pesquisa. Esse conjunto permite que o fruto do trabalho de pesquisa seja algo não somente passível de discussão, mas também que seja percebido como relevante, despertando o interessante pelo debate. Assim, o conhecimento científico serve ao propósito mais primordial da ciência: o de servir ao homem para que ele possa conhecer e transformar o mundo, evoluindo constantemente.

Desse modo, você pode considerar como científico aquilo que possui um objeto de estudo definido, que é passível de comprovação, discutível e interessante. Assim, o conhecimento científico não impõe a verdade, e sim a sua busca constante, já que procura testar, contestar, reconstruir, mudar. Enfim, o conhecimento necessita ser questionado, ser colocado à prova. Isso não visa apenas à construção do conhecimento, mas também à sua renovação, a partir da constante retroalimentação que permite a sua desconstrução e a sua reconstrução. Afinal, "[...] o primeiro gesto do conhecimento é desconstrutivo (questionador), para, depois, ser reconstrutivo (propositivo) e permanecer sempre aberto, discutível" (DEMO, 2013, p. 31).

Ao se falar em termos como "construção" e "transformação", abre-se caminho para a apresentação de uma expressão-chave do estudo aqui proposto: o processo técnico-científico. Um processo, seja qual for, pode ser compreendido como uma ação continuada, consistindo na realização contínua e prolongada de alguma atividade, na sequência contínua de operações que se reproduzem com certa regularidade. Processos consistem na introdução de entradas em um ambiente formado por procedimentos, normas e regras que, ao processarem as entradas, geram saídas que são entregues como resultados aos clientes do processo. Em outras palavras, o processo consiste num conjunto de atividades que têm por objetivo transformar entradas, adicionando valor a elas por meio de procedimentos, gerando saídas que devem atender às necessidades do cliente do processo (CRUZ, 2015).

Como você pode perceber, as definições apresentadas sobre processo podem ser facilmente incorporadas ao cenário da ciência e do conhecimento científico: existem entradas (ideias e hipóteses) sobre as quais são aplicados procedimentos (métodos) e que geram saídas (validação ou rejeição das hipóteses, geração de conhecimento).

Nesse contexto, surge o termo "técnico-científico", uma expressão utilizada no âmbito do conhecimento científico e voltada a atividades de um saber especializado. Assim, a produção técnico-científica é aquela realizada em ambientes como instituições de ensino superior, o que resulta na publicação de livros, capítulos de livros e artigos, bem como na publicação de trabalhos ou resumos de trabalhos em anais de congressos científicos, entre outros (MENEZES; SANTOS, 2001).

Exemplo

Pesquisas de pós-graduação, mestrado e doutorado são exemplos de produções técnico-científicas.

O processo técnico científico busca municiar o pesquisador com modelos e conceitos que lhe permitam embasar os objetivos e os resultados do estudo de maneira sólida e coerente. A ideia é colaborar para que o estudo possua as qualidades necessárias para ser considerado científico. Além disso, o processo técnico-científico promove no pesquisador a inquietação, que faz com que durante a realização da pesquisa ele coloque em xeque seus próprios conceitos, aflorando a curiosidade que é própria dos estudiosos e pensadores.

Contudo, ainda que uma considerável carga de motivação, inspiração e imaginação seja necessária para a produção científica, é imprescindível que ela seja conduzida com o cuidado necessário para que possa ser considerada ciência. Um artigo científico, por exemplo, precisa ser escrito em linguagem científica e oferecer um avanço, solidamente construído, no conhecimento à disposição da humanidade. Além disso, um texto científico possui características únicas que o distinguem dos demais. Entre elas, se destacam a busca pela descoberta de novos conhecimentos e o compromisso com a veracidade dos fatos que relata. Tal texto ainda deve possuir uma linguagem neutra, sóbria, sem vieses ou direcionamentos que não estejam solidamente respaldados na argumentação ou que não decorram logicamente dos fatos observados (KOLLER; COUTO; HOHENDORFF, 2014).

Enfim, o campo das ciências é um ambiente muito rico e vasto, em que a exploração e a criação são ilimitadas. Então, agora que você conhece o que é a ciência e sabe a que ela se destina, bem como quais são os tipos de conhecimento, em especial o conhecimento científico, que tal participar desse valioso processo de geração de conhecimento? "Colocando a mão na massa", talvez você descubra o pensador ou o cientista que há em você e possa fazer valiosas contribuições ao mundo. Bons estudos!

Referências

BARROS, A. J. da S; LEHFELD, N. A. S. *Fundamentos de metodologia científica*. 2. ed. São Paulo: Pearson, 2000.

BÊRNI, D. A.; FERNANDEZ, B. P. M. *Métodos e técnicas de pesquisa*: modelando as ciências empresariais. São Paulo: Saraiva, 2012.

CHALMERS, A. F. *O que é ciência afinal?* São Paulo: Brasiliense, 1993.

CNPQ. *Tabela de áreas do conhecimento*. [200-?]. Disponível em: http://www.cnpq.br/documents/10157/186158/TabeladeAreasdoConhecimento.pdf. Acesso em: 16 fev. 2019.

CRUZ, T. *Sistemas, métodos & processos*: administrando organizações por meio de processos de negócios. 3. ed. São Paulo: Atlas, 2015.

DEMO, P. *Introdução à metodologia da ciência*. 2. ed. São Paulo: Atlas, 2013.

DEMO, P. *Praticar ciência:* metodologias do conhecimento científico. São Paulo: Saraiva, 2011.

GRAY, D. E. *Pesquisa no mundo real.* 2. ed. Porto Alegre: Penso, 2012.

KOLLER, S. H.; COUTO, M. C. P de P.; HOHENDORFF, J. V. (Org.). *Manual de produção científica.* Porto Alegre: Penso, 2014.

LAKATOS, E. M.; MARCONI, M. de A. *Fundamentos de metodologia científica.* 8. ed. São Paulo: Atlas, 2017.

LINDBERG, D. C. *The beginnings of western science:* the european scientific tradition in philosophical, religious, and institutional context, 600 B.C. to A.D. 1450. Chicago: University of Chicago Press, 1992.

MENEZES, E. T.; SANTOS, T. H. Produção técnico-científica. *Educabrasil.* 2001. Disponível em: http://www.educabrasil.com.br/producao-tecnico-cientifica/. Acesso em: 16 fev. 2019.

MEZZAROBA, O.; MONTEIRO, C. S. *Manual de metodologia da pesquisa no direito.* 7. ed. São Paulo: Saraiva, 2017.

NOVELLI, P. G. A. Para quê serve a ciência? *Kalagatos:* revista de filosofia, v. 7, n. 13, 2010. Disponível em: https://dialnet.unirioja.es/servlet/articulo?codigo=6077960. Acesso em: 16 fev. 2019.

REALE, M. *Introdução à filosofia.* 4. ed. São Paulo: Saraiva, 2002.

SAMPIERI, R. H.; COLLADO, C. F.; LUCIO, M. P. B. *Metodologia de pesquisa.* 5. ed. Porto Alegre: Penso, 2013.

WAZLAWICK, R. S. *Metodologia de pesquisa para ciência da computação.* Rio de Janeiro: Elsevier, 2014.

VERNANT, J. P. *As origens do pensamento grego.* Rio de Janeiro: Difel, 2002.

Leitura recomendada

CNPQ. Ministério da Ciência, Tecnologia, Inovações e Comunicações. *Assuntos.* 2018. Disponível em: http://www.cnpq.br/. Acesso em: 16 fev. 2019.

Leitura, interpretação e análise de textos científicos

Objetivos de aprendizagem

Ao final deste texto, você deve apresentar os seguintes aprendizados:

- Identificar as características e propriedades de textos científicos.
- Reconhecer os principais elementos para interpretar textos científicos.
- Desenvolver leitura de textos científicos.

Introdução

Todo texto possui um propósito central, que é a transmissão de uma mensagem. Tal transmissão corresponde a uma interação entre dois personagens centrais, o autor e o leitor. Contudo, existem diversos tipos de texto, cada um com características e propriedades particulares. Um desses tipos é o texto científico.

Neste capítulo, você vai estudar as características e propriedades dos textos científicos. Além disso, vai verificar os impactos dessas particularidades sobre a leitura e a interpretação de textos científicos. Por fim, você vai conhecer os elementos principais desses textos e ver como realizar uma leitura adequada.

Características e propriedades de textos científicos

Um texto científico é uma produção textual que possui características únicas que a distinguem das demais. Uma dessas características é o fato de a produção ser específica e ter como objetivo aprofundar algum tema, abordando conceitos e teorias com base no conhecimento científico e utilizando linguagem científica (que é naturalmente mais complexa). Além disso, o texto científico é produzido por um pesquisador. Diferentemente de um escritor, um pesquisador não busca ser remunerado por sua produção. Ele deseja descobrir novos conhecimentos, almejando que suas descobertas sejam reconhecidas, estudadas e citadas por outros pesquisadores.

Exemplo

Um texto científico sobre o aquecimento global aborda esse fenômeno de uma forma científica, apresentando dados e conceitos bem definidos, podendo revelar dados concretos de pesquisas científicas. Tal texto serve como base para se chegar a alguma conclusão sobre o tema em questão.

Outra característica relevante é que o texto científico possui compromisso com a veracidade dos fatos que relata. Ele também possui uma linguagem neutra, sóbria, sem vieses ou direcionamentos que não estejam solidamente respaldados na argumentação ou que não decorram logicamente dos fatos observados. Assim, a produção de um texto científico requer alguns cuidados. Há, por exemplo, a necessidade de se realizar uma pesquisa consequente, com seriedade e dedicação, e a recomendação de que o texto científico seja escrito em linguagem científica. Assim, ele é capaz de oferecer um avanço, solidamente construído, no conhecimento à disposição da humanidade (KOLLER; COUTO; HOHENDORFF, 2014).

Existem diversos tipos de textos científicos. Por isso, a escrita científica pode ser lida em diferentes formatos, como resumos, capítulos de livros, livros, projetos e painéis, ou ainda resumos expandidos, folhetos, relatórios, cartilhas, boletins técnicos, circulares técnicas e tantos outros. Contudo, entre todos esses formatos, um se destaca: o artigo científico. Isso pode ser justificado pelo fato de que o artigo científico (completo) garante uma maior pontuação em concursos e é importante para a ascensão profissional em ambientes como universidades e institutos de pesquisa, o que o torna uma peça fundamental no currículo de todo cientista (AQUINO, 2010).

Artigos científicos podem ser definidos como "[...] pequenos estudos, porém completos, que tratam de uma questão verdadeiramente científica, mas que não se constituem em matéria de um livro [...]" (MARCONI; LAKATOS, 2017a, p. 286). Você também deve notar que um artigo científico pode fazer apenas dois tipos de afirmativas: as que se sustentam na pesquisa desenvolvida pelos autores e as que são embasadas por referências a fontes com validade científica, devidamente fundamentadas. Isso leva a dois importantes aspectos no contexto da pesquisa: a qualidade e a pertinência de suas referências. A qualidade diz respeito à validade científica de uma referência, que está diretamente relacionada à sua capacidade de atender aos critérios de confiabilidade, atualidade, acessibilidade e perenidade. Já a pertinência de uma referência está relacionada à recomendação de que o autor do texto faça uso adequado das referências, sem incorrer em excessos ou faltas, buscando (KOLLER; COUTO; HOHENDORFF, 2014):

- invocar uma parte substancial das ideias, propostas e argumentos do trabalho de outros pesquisadores para incorporá-las em seu próprio trabalho ou para refutá-las circunstancialmente;
- espelhar diretamente o pensamento dos pesquisadores referenciados, citando sempre as pesquisas originais;
- problematizar, reescrever, parafrasear, endossar ou refutar, ou seja, discutir com o trabalho referenciado.

Um texto científico tem como foco principal o próprio conhecimento. Por esse motivo, ele deve apresentar uma série de elementos, como você pode ver a seguir (KOLLER; COUTO; HOHENDORFF, 2014).

- **Inovações científicas:** modelos novos que permitem controlar processos ainda não dominados, ou que sejam superiores em qualidade aos já conhecidos para um processo específico.
- **Inovações tecnológicas:** emprego inédito e bem-sucedido para um modelo existente (como descobrir que um medicamento desenvolvido para dada patologia é também eficaz para outra).
- **Aperfeiçoamentos científicos e tecnológicos:** melhoria da qualidade com que as condições finais do modelo representam a situação final do universo, ou criação de modelo tecnologicamente mais eficaz para a solução de determinado problema.

Além de possuir características e propriedades específicas, os textos científicos naturalmente demandam alguns cuidados e o atendimento a recomendações. Só assim a sua leitura pode ser feita adequadamente, o que permite que a mensagem do autor chegue ao leitor da forma pretendida. A seguir, você vai aprender mais a respeito disso.

Fique atento

Um texto científico possui linguagem científica, que é neutra e sóbria. Além disso, ele tem compromisso com a veracidade do que relata, o que exige sólido respaldo na argumentação e/ou nos fatos observados.

Interpretação de textos científicos

Um texto pode ser definido como um conjunto articulado de frases que possui a intenção de transmitir uma mensagem por meio da conexão entre seus elementos constituintes. Além disso, um texto implica sujeitos — o autor e o leitor — que buscam construir um sentido, envolvendo objetivos e conhecimentos com propósito interacional. Assim, você deve ter em mente que existem propósitos partindo de ambos os sujeitos. Tais propósitos são complementares e conectam o autor e o leitor, cada um em seu papel.

A partir da intencionalidade do autor na escrita, é estabelecido um processo que, embora inclua o conjunto de propriedades do texto, possui como centro focal a textualidade. Isso permite ao texto ser mais do que um simples aglomerado de frases (MARCONI; LAKATOS, 2017a). Assim, alguns aspectos são fundamentais ao texto, correspondendo aos seus elementos de textualidade. São eles: coesão, coerência, aceitabilidade, informatividade, situacionalidade e intertextualidade.

A seguir, você pode ver os principais elementos dos textos científicos. Esses elementos são fundamentais para a interpretação de tais textos.

- **Intencionalidade:** é o empenho do autor em construir um texto coerente, coeso e que atinja o objetivo que ele tem em mente, permitindo a transmissão do que pretende comunicar.
- **Coerência:** é a capacidade do texto de fazer sentido para que seja adequadamente interpretado. Isso envolve tanto o autor como o leitor: a mensagem pretendida pelo autor é recebida pelo leitor, que, por sua vez, utiliza seus conhecimentos para atribuir sentido ao texto.
- **Coesão:** engloba os recursos da língua utilizados para a construção do texto. Tais recursos são os mecanismos gramaticais e lexicais (como concordância, tempos e modos verbais, conjunções, artigos e outros). Eles precisam ser utilizados de forma correta para expressar tanto relações dentro de uma frase quanto relações entre frases e sequências de frases dentro do texto.

- **Aceitabilidade:** é a expectativa do leitor de que o texto tenha coerência e coesão, além de ser útil e relevante. Se o texto possuir tais aspectos, será melhor aceito pelo leitor, que terá mais interesse na leitura.
- **Informatividade:** corresponde à capacidade do texto de ter o que dizer e de fazer sentido, permitindo que o autor entregue informação ao leitor. Ou seja, consiste no grau de expectativa e de conhecimentos oferecido por meio do texto, o que inclui novidade e imprevisibilidade. Quanto mais informatividade tiver o texto, maior será a aceitação dele por parte do leitor.
- **Situacionalidade:** consiste na capacidade de o texto ser pertinente e relevante no contexto em que autor e leitor estão inseridos, permitindo adequação à situação sociocomunicativa.
- **Intertextualidade:** ocorre quando um texto é construído por meio de elementos contidos em outros textos. Você deve considerar que um texto sempre remete a outros textos. Assim, ele carrega vestígios de textos preexistentes, o que pode ser evidenciado por aspectos como citações e comentários, entre outros recursos de mesmo propósito.

Nesse contexto, a leitura é o ato de trazer experiência para o texto lido. Por meio dela, as palavras adquirem um significado que vai além do que está escrito e passam a integrar a experiência do leitor. Isso faz com que a leitura extrapole o conhecimento linguístico, envolvendo também aspectos como inferência, percepção e conhecimento de mundo. A ideia é que o leitor possa não somente ler, mas também analisar e interpretar o que lê.

Aqui, você deve considerar o que Marconi e Lakatos (2017a) alertam: análise e interpretação de textos são coisas diferentes, mas que se complementam. A análise foca nas partes que compõem o texto. Por sua vez, a interpretação busca a mensagem pretendida pelo autor. Então, ao realizar a leitura de um texto científico, você deve se preocupar tanto em analisá-lo quanto em interpretá-lo, compreendendo em que consistem essas atividades e como são realizadas.

Para interpretar adequadamente um texto, você precisa primeiro realizar uma análise do material. Tal análise é realizada em três partes, cada uma focando em um aspecto do texto, que são os elementos, as relações e a estrutura, conforme detalhado a seguir (MARCONI; LAKATOS, 2017a).

- **Análise dos elementos:** consiste no levantamento dos elementos básicos que compõem um texto, visando à sua compreensão. Tais elementos podem aparecer de modo explícito, sendo facilmente identificáveis, ou de modo implícito, exigindo mais esforço. Tal esforço pode incluir, por exemplo, uma leitura continuada, uma análise mais profunda, uma reflexão e até mesmo pesquisas em outras fontes para melhor entender a mensagem do autor.

- **Análise das relações:** visa a encontrar as principais relações e estabelecer conexões entre os diferentes elementos constitutivos do texto. Uma análise mais completa exige não só a evidência das partes principais do texto, mas também a indicação de quais delas se relacionam com o tema ou a hipótese central. Assim, é possível verificar se há ou não coerência entre os elementos, entre as diferentes partes do texto e entre elas e a ideia central.
- **Análise da estrutura:** busca verificar as partes de um todo, evidenciando as relações existentes entre elas. É um tipo de análise mais complexa do que as anteriores.

Marconi e Lakatos (2017a) ainda comentam que a análise de um texto consiste no processo de conhecimento de determinada realidade, o que demanda a decomposição de um todo em partes, permitindo o exame sistemático dos elementos. Isso possibilita efetuar um estudo mais completo e encontrar o elemento-chave do autor. Além disso, permite determinar as relações existentes entre as partes e compreender a maneira como estão organizadas, bem como estruturar as ideias de modo hierárquico.

Ou seja, é a análise que permite observar os componentes de um conjunto, perceber suas possíveis relações e então passar de uma ideia-chave para um conjunto de ideias mais específicas, depois à generalização e, por fim, à crítica. Você pode considerar que a análise é composta por três fases. Veja a seguir.

- **Decomposição:** análise dos elementos essenciais e sua classificação, verificando componentes de um conjunto e suas possíveis relações, permitindo passar de uma ideia-chave geral para um conjunto de ideias mais precisas.
- **Generalização:** permite formular afirmações aplicáveis ao conjunto. Para isso, parte de traços comuns dos elementos constitutivos e utiliza associação, semelhança e analogia. Também evidencia novas questões, partindo do caráter geral e fragmentando-o em partes mais simples e concretas, que se transformam em novos aspectos gerais (que podem novamente ser fragmentados).
- **Análise crítica:** utiliza instrumental e processos sistemáticos e controláveis. Demanda objetividade, explicação e justificativa para que se possa chegar à validade do trabalho.

Agora que você conhece as características de um texto científico, bem como os principais elementos necessários para a sua interpretação, pode avançar para a próxima etapa. Nela, você vai aprender sobre a leitura de textos científicos. A ideia é que você realize tal leitura da forma mais apropriada.

Leitura de textos científicos

Ler significa conhecer, interpretar, decifrar. É por meio da leitura que a maior parte dos conhecimentos é obtida, possibilitando a ampliação e o aprofundamento do saber em determinado campo cultural ou científico. Isso faz da leitura um dos fatores mais decisivos para o estudo. Ela é imprescindível em todos os tipos de investigação científica, permitindo a obtenção de informações básicas e específicas.

Por meio da leitura, é possível obter informações de forma otimizada (sem a necessidade de um trabalho de campo ou experimental) e ainda aumentar o vocabulário, o que retroalimenta o saber, pois permite compreender melhor o conteúdo de outras obras e ampliar cada vez mais o conhecimento (MARCONI; LAKATOS, 2017a). Desse modo, a leitura é o alicerce de todas as modalidades de produção científica, o que faz da leitura de textos científicos algo tão relevante. Afinal, a ciência disponível nesse tipo de material é de extrema valia, promovendo conhecimento e inovação, que, por sua vez, trazem inúmeros benefícios à humanidade (AQUINO, 2010).

A leitura varia de acordo com o leitor, que realiza a leitura com finalidades e propósitos particulares, além de possuir velocidade de leitura própria. O importante é que a leitura seja realizada de maneira que proporcione ao leitor a capacidade de entender, avaliar, discutir e aplicar o que lê (MARCONI; LAKATOS, 2017a). Além disso, como existem diferentes tipos de textos, a leitura precisa ser conduzida de maneiras distintas de acordo com o tipo de material lido (AQUINO, 2010). Isso, logicamente, acontece em relação aos textos científicos: assim como a sua escrita demanda cuidados, a sua leitura igualmente os requer.

Como textos científicos são específicos, tendo como objetivo aprofundar algum tema, eles requerem muita atenção na leitura, pois apresentam linguagem complexa relativa a conceitos e teorias. Além disso, materiais como textos científicos correspondem ao resultado de trabalhos de pesquisa que muitas vezes duram anos, ainda que a sua leitura seja realizada em minutos ou horas. Tal leitura muitas vezes é feita por outros pesquisadores, que buscam naquele texto resultante de uma pesquisa a base para a elaboração do seu próprio trabalho.

Ou seja, ainda que um texto seja o resultado ou o fim de um trabalho, pode ao mesmo tempo ser o início de outro. Isso possibilita um processo contínuo, por meio do qual são estabelecidas novas visões, pesquisas, conhecimentos, etc.

 **Fique atento**

Antes de aprender a escrever textos científicos, você precisa aprender a lê-los de forma adequada. Como você pode imaginar, isso é fundamental para o trabalho de pesquisa que precede a elaboração de um texto.

Quem pode ler textos científicos?

Muitas pessoas pensam que a leitura de textos científicos é realizada apenas por pesquisadores e cientistas. Essa é, inclusive, a compreensão de alguns autores e pensadores da ciência ao considerar que "[...] o texto científico, em seu conceito mais estrito, é escrito por e para pesquisadores de uma área ou subárea, e [que] compreendê-lo exige muito esforço por parte de alguém que não trabalhe no tema específico [...]" (KOLLER; COUTO; HOHENDORFF, 2014, p. 27).

Contudo, hoje, a leitura dos textos científicos não está limitada a esses agentes da ciência: qualquer pessoa pode ler esse tipo de material. Mesmo aqueles que não estão diretamente envolvidos no meio acadêmico ou de pesquisa podem (e devem) ler textos científicos. Afinal, os textos científicos abordam tantos temas e enfoques, tratando inclusive de assuntos cotidianos, que podem ser facilmente compreendidos por todos. Esta, inclusive, é uma preocupação que tem sido cada vez mais considerada na produção de textos científicos: o desenvolvimento de pesquisas mais populares, que reúnam informações importantes para a sociedade.

A ideia é despertar maior interesse das pessoas por esse tipo de leitura, tornando os textos científicos cada vez mais acessados, lidos e compreendidos. Isso, de certa forma, promove um ciclo virtuoso de geração de conhecimento, que qualifica as pessoas, a sociedade e o mundo, tornando-o um lugar cada vez melhor. Essa evolução do interesse e do acesso aos textos científicos pode ser percebida também historicamente: tempos atrás, a pesquisa era uma atividade exclusiva de doutores, depois passou a ser desenvolvida pelos mestres, seguidos por especialistas e graduados. Atualmente, a pesquisa é uma realidade já cotidiana até mesmo para estudantes do ensino médio (AQUINO, 2010).

Por que ler textos científicos?

A constatação que você acabou de ver já é em si uma boa justificativa para tal questionamento. Afinal, o texto científico é um material muito útil a quem deseja fazer pesquisa. Um pesquisador ou cientista certamente vai ler muitos textos, como monografias ou outro tipo de texto científico, até produzir o seu próprio trabalho. Além disso, a própria leitura de textos científicos demanda algum conhecimento teórico sobre o que é abordado no texto a ser lido. Isso requer leituras prévias sobre o assunto, ou seja, leituras de textos em que o pesquisador busca informações sobre o tema em questão. Isso faz da pesquisa uma empreitada para a construção do conhecimento. Nessa jornada, a produção do texto científico é uma das últimas etapas. Além disso, nela o desejo de pesquisar e escrever pode ser considerado o motivo da leitura de textos científicos (KOLLER; COUTO; HOHENDORFF, 2014).

Além dessa motivação, existem ainda outros aspectos que podem ser destacados como razões da leitura de textos científicos. De acordo com Aquino (2010), a leitura de textos científicos:

- apresenta os acontecimentos do mundo científico no momento em que o texto foi elaborado;
- permite acesso a referências e dados apresentados para uso do leitor;
- permite que a pesquisa publicada por meio do texto científico seja replicada, ou seja, você pode repetir o que está descrito no texto em outro contexto;
- propicia que resultados e discussões sirvam de fundamento para o leitor tirar suas próprias conclusões;
- permite ao leitor uma considerável economia de tempo, visto que alguns trabalhos levam anos para serem concluídos e publicados e que o leitor, em poucos minutos, pode ter acesso a toda informação gerada;
- oferece ao leitor um ganho de vocabulário específico de sua área de conhecimento;
- traz mais segurança para o convívio do leitor no mundo da ciência.

Bell (2008) menciona possíveis problemas que um leitor pode encontrar ao ler um texto científico. Um desses problemas é a terminologia específica. Às vezes, os pesquisadores utilizam termos e/ou jargões que podem ser provenientes do trabalho de campo, em que é desenvolvida uma linguagem especializada para facilitar a comunicação entre os profissionais. Contudo, tal linguagem pode não ser facilmente compreendida por outras pessoas. Para driblar essa dificuldade, o leitor deve buscar outros materiais que lhe permitam compreender aquilo que porventura não tenha entendido na leitura anterior. Isso acaba aumentando o seu conhecimento a respeito da bibliografia — ou seja, um problema se transforma em uma oportunidade.

Onde encontrar textos científicos?

De nada adianta você estar motivado para ler um texto sobre determinado assunto se não consegue encontrá-lo. Então, é preciso que você também esteja preparado para buscar textos científicos. Hoje em dia, a informação está disponível nos mais variados meios. Porém, quando se fala em textos científicos, é preciso ter cuidado com a busca: tais textos são relativamente fáceis de serem encontrados, desde que você saiba onde procurar. A seguir, veja alguns exemplos de espaços e plataformas que disponibilizam textos científicos (AQUINO, 2010; KOLLER; COUTO; HOHENDORFF, 2014).

- **Biblioteca:** é um dos melhores locais nas instituições de ensino ou de pesquisa para se iniciar a busca por textos para leitura. Os profissionais que trabalham nas bibliotecas podem ser boas fontes de indicação.
- **Internet:** o acesso a textos científicos pela internet é quase ilimitado, visto que as possibilidades de encontrar textos completos são imensas.
- **Portal de periódicos da CAPES:** a Coordenação de Aperfeiçoamento de Pessoal de Nível Superior (CAPES) possui um portal de informação científica muito interessante.
- **Outras revistas eletrônicas:** existem várias revistas eletrônicas disponíveis na internet, como a SCIELO (Scientific Library Online), que é uma grande biblioteca eletrônica de fácil acesso. Ela disponibiliza uma coleção selecionada de periódicos científicos.

Link

Você deve buscar textos científicos em fontes de informação confiáveis. O portal de periódicos da CAPES é uma delas. Você pode acessá-lo por meio do *link* a seguir.

https://goo.gl/86CQQ

Como ler textos científicos?

Para começar, é importante que você tenha em mente que ler um texto científico é diferente de ler um texto literário (como um romance). No texto literário, que muitas vezes conta uma história, você precisa ler todas as partes na ordem em que elas se apresentam, ou corre o risco de "perder o fio da meada". Já no texto científico, você pode ler apenas uma parte, focando naquela que mais lhe interessa, identificando facilmente a seção necessária, já que o texto possui uma estrutura que permite essa localização. Assim, você pode ler o que e como quiser. Contudo, para tirar o melhor proveito do conteúdo disponível no texto científico, alguns cuidados podem fazer toda a diferença, como você pode ver a seguir (AQUINO, 2010).

- Esteja disponível para a leitura, encontrando e aproveitando bem o seu tempo e a sua disponibilidade.
- Procure um local propício à leitura, onde você se sinta confortável e onde a sua compreensão sobre o texto possa ser facilitada.
- Esteja equipado para grifar partes importantes e fazer anotações. Ao ler o texto, muitas ideias podem surgir (canetas marca-texto e um bloquinho de anotações são ferramentas muito úteis).

Segundo Marconi e Lakatos (2017a), existem diferentes formas e objetivos de leitura. Considere, por exemplo, a leitura de estudo ou informativa, que se ocupa da absorção do conteúdo e de seu significado. Tal leitura compreende os atos de ler, reler, utilizar o dicionário, marcar ou sublinhar palavras ou frases-chave e fazer resumos. Esse tipo de leitura visa a coleta de informações para determinado propósito. Ela possui entre seus objetivos:

- verificar o conteúdo do texto, constatando o que o autor afirma, os dados que apresenta e as informações que oferece;
- correlacionar os dados coletados com o problema em pauta a partir das informações do autor;
- verificar a validade das informações.

Além disso, a leitura informativa engloba várias fases ou etapas. A seguir, veja como tais fases podem ser sintetizadas (MARCONI; LAKATOS, 2017a).

- **De reconhecimento ou prévia:** leitura rápida, com a intenção de procurar um assunto de interesse, ou verificar a existência de determinadas informações. Isso pode ser feito por meio da leitura do sumário, dos títulos dos capítulos e de suas subdivisões (seções).
- **Exploratória ou pré-leitura:** leitura de sondagem, com a intenção de localizar determinadas informações quando já se tem conhecimento de sua existência. Pode ser feita por meio do exame da página de rosto, da introdução, do prefácio, das referências, das notas de rodapé, das orelhas e da contracapa.
- **Seletiva:** leitura que busca selecionar informações relacionadas com o problema que se deseja resolver, eliminando o supérfluo e concentrando a atenção nas informações pertinentes ao problema de pesquisa. Corresponde ao último passo de localização de material para apreciação e o primeiro da leitura mais atenta e profunda.
- **Reflexiva:** leitura mais profunda do que as anteriores, que busca reconhecer e avaliar informações, intenções e propósitos do autor. Pode ser feita por meio da identificação das frases-chave para se verificar o que o autor afirma e por que o faz.
- **Crítica:** leitura que busca avaliar as informações do autor, escolhendo e diferenciando ideias principais de secundárias, hierarquizando-as. O objetivo é obter uma visão global do texto e examinar as intenções do autor. Num primeiro momento, essa leitura busca entender o que o autor quis transmitir. Depois, com base na compreensão de suas proposições e do porquê delas, busca retificar ou ratificar os argumentos e conclusões.
- **Interpretativa:** leitura que busca relacionar as afirmações do autor com os problemas que se está buscando solucionar por meio da leitura de textos, realizando a associação de ideias e a comparação de propósitos. O objetivo é selecionar o que é pertinente e útil, bem como o que contribui para a solução dos problemas de quem efetua a leitura. Ou seja, a leitura interpretativa tem a função de provar, retificar ou negar, definir, delimitar e dividir conceitos, justificar ou desqualificar e auxiliar a interpretação de proposições, questões, métodos, técnicas, resultados ou conclusões.
- **Explicativa:** leitura que visa a verificar os fundamentos de verdade enfocados pelo autor.

Para que isso tudo seja possível, você deve considerar algumas recomendações sobre como proceder com a leitura, com vistas à análise e à interpretação do que é lido. Assim, é importante seguir os passos listados a seguir (MARCONI; LAKATOS, 2017a):

- proceder à leitura integral do texto com o objetivo de obter uma visão do todo e alcançar um sentido completo;
- reler o texto, assinalando ou anotando palavras e expressões desconhecidas e utilizando um dicionário para esclarecer seus significados;
- fazer nova leitura após esclarecidas as dúvidas, visando à compreensão do todo;
- tornar a ler, agora procurando a ideia principal ou palavra-chave;
- localizar acontecimentos, ideias e fenômenos, comparando-os entre si, procurando semelhanças e diferenças existentes;
- organizar acontecimentos, ideias e fenômenos, agrupando-os com base em pelo menos uma semelhança importante e colocando-os em ordem hierárquica de importância;
- interpretar acontecimentos, ideias e fenômenos, tentando descobrir e compreender as conclusões a que o autor chegou;
- analisar criticamente o material como um todo, em especial as conclusões.

Perceba que caminho interessante você trilhou até aqui. Você partiu da compreensão das características e propriedades de textos científicos, passou pelos elementos para a interpretação desses textos e chegou às recomendações sobre como ler, analisar e interpretar um texto científico. Agora que você tem esse mapa à sua disposição, que tal arregaçar as mangas e trilhar novamente o caminho? Você poderá se surpreender ao obter uma recompensa maior do que imagina. Afinal, o conhecimento é algo de valor inestimável. Então, mãos à obra e bons estudos!

Referências

AQUINO, I. S. *Como ler textos científicos:* da graduação ao doutorado. São Paulo: Saraiva, 2010.

BELL, J. *Projeto de pesquisa:* guia para pesquisadores iniciantes em educação, saúde e ciências sociais. 4. ed. Porto Alegre: Artmed, 2008.

KOLLER, S. H.; COUTO, M. C. P. P.; HOHENDORFF, J. V. (org.). *Manual de produção científica.* Porto Alegre: Penso, 2014.

MARCONI, M. A.; LAKATOS, E. M. *Fundamentos de metodologia científica.* 8. ed. São Paulo: Atlas, 2017a.

Leituras recomendadas

GOMES, G. K.; LIMA, C. D. V. G. Os fatores da textualidade na produção escrita: um olhar sobre os livros didáticos do ensino médio. *In:* CONGRESSO NACIONAL DE EDUCAÇÃO, 2., 2015, Campina Grande. *Anais* [...]. Campina Grande: [s. n.], 2015. Disponível em: http://www.editorarealize.com.br/revistas/conedu/trabalhos/TRABALHO_EV045_MD1_SA15_ID2157_26082015221022.pdf. Acesso em: 22 mar. 2019.

MARCONI, M. A.; LAKATOS, E. M. *Metodologia do trabalho científico:* projetos de pesquisa, pesquisa bibliográfica, teses de doutorado, dissertações de mestrado, trabalhos de conclusão de curso. 8. ed. São Paulo: Atlas, 2017b.

Planejamento e projeto de pesquisa

Objetivos de aprendizagem

Ao final deste texto, você deve apresentar os seguintes aprendizados:

- Diferenciar planejamento de projeto de pesquisa.
- Identificar as etapas de um planejamento de pesquisa.
- Reconhecer as fases de um projeto de pesquisa.

Introdução

Em muitas atividades da sua vida, tanto na esfera pessoal como na profissional, uma preparação prévia pode trazer benefícios. A realização de um planejamento aumenta as chances de sucesso, permitindo tirar melhor proveito das oportunidades que se apresentam. O mesmo ocorre no contexto da pesquisa científica: o planejamento é essencial para a boa condução do trabalho. Com o projeto de pesquisa, o planejamento forma um conjunto capaz de gerar resultados mais sólidos e adequados, que trazem novos conhecimentos ou reforçam outros já existentes.

Neste capítulo, você vai estudar o planejamento e o projeto de pesquisa. A ideia é que você compreenda as relações e as diferenças entre eles, bem como as etapas do planejamento e as fases do projeto, já que ambos são processos fundamentais para a realização de uma pesquisa científica.

Principais conceitos

Em uma visão universal, um projeto é definido como um empreendimento temporário que visa a criar um produto, serviço ou resultado único. Para tanto, o projeto (que é formado por diversas atividades) precisa ser planejado, implementado e gerenciado ao longo de seu ciclo de vida. Tal ciclo é formado por quatro estágios sequenciais: definição, planejamento, execução e entrega. Em resumo, o projeto busca entregar determinado resultado. Para isso, realiza-se um planejamento e definem-se técnicas e métodos a serem adotados, indicando o caminho a ser seguido para a condução adequada do trabalho e a geração dos resultados desejados.

Ou seja, parte-se do planejamento (que é um processo de tomada de decisões que indica onde se deseja chegar e as maneiras adequadas para se chegar lá) e a partir dele gera-se um plano (documento que descreve as decisões oriundas do planejamento, como objetivos, ações e meios). Tal plano, por sua vez, dá origem ao projeto (documento que descreve o conjunto de atividades necessárias para atingir os objetivos definidos no planejamento e previstos no plano) (LARSON; GRAY, 2016). Embora esses conceitos e definições pareçam mais voltados a áreas como administração e engenharia, sua essência também pode ser associada ao contexto da pesquisa científica.

A pesquisa científica tem como objetivo maior servir para a construção do conhecimento. Ela ratifica algo que já é conhecido ou busca novos conhecimentos. A ideia é procurar a verdade e oferecer avanços que permitam colocar o conhecimento a serviço da humanidade e de sua evolução. Buscando servir à resolução de problemas, a pesquisa consiste em uma atividade intelectual, metódica. Mas ela também necessita ser colocada em prática para que se possa atribuir confiança a seus resultados. Isso engloba tanto a pesquisa pura quanto a aplicada e, em alguns casos, pode envolver até mesmo o desenvolvimento de um protótipo, permitindo testar o que foi pensado antes que a pesquisa seja colocada em prática de forma definitiva.

Nesse cenário, quanto mais exatos forem os raciocínios, mais exatos serão os resultados e maior será a contribuição da pesquisa para a resolução dos problemas científicos. Por isso, a pesquisa científica exige persistência, disciplina e procedimentos adequados. Ela busca fontes de evidência confiáveis para que se possa chegar a resultados consistentes, por meio dos quais são obtidas conclusões coerentes a respeito da questão exposta pelo pesquisador (FARIAS FILHO; ARRUDA FILHO, 2015; KOLLER; COUTO; HOHENDORFF, 2014). Essa questão (indagação ou questionamento central da pesquisa) é algo fundamental, que corresponde ao ponto de partida para o desenvolvimento de uma proposta de investigação ou um projeto de pesquisa. Afinal, sem uma questão, não há pesquisa. A questão é o que se pretende responder, tendo em vista que uma pesquisa consiste essencialmente no "[...] esforço sistemático de encontrar uma explicação (coerente e convincente), mesmo que parcial, para uma situação existente [...]" (FARIAS FILHO; ARRUDA FILHO, 2015, p. 8). A questão pode ser uma pergunta real ou imaginária, mas carece de uma resposta.

Para o sucesso dessa empreitada, é necessário planejar e projetar a pesquisa, o que inclui a tomada de decisão prévia do pesquisador na definição de alguns cuidados e procedimentos. No contexto da pesquisa, planejamento e projeto são dois elementos muito importantes, tão próximos e conectados que é até mesmo difícil separar um do outro. Porém, **planejamento e projeto são coisas distintas** e é importante que você consiga diferenciá-las para que possa atender a cada uma delas, na forma e no tempo adequados.

O **planejamento** corresponde à primeira etapa de uma pesquisa, servindo para definir objetivos e responder a perguntas previamente elaboradas. Como corresponde ao primeiro passo de um trabalho de pesquisa, o planejamento possui relação direta com a concepção da pesquisa e é crucial para que ela seja efetiva em seu resultado. Dessa forma, planejar consiste em "pensar a pesquisa". Para isso, é preciso primeiramente reconhecer que ela é resultado de um conjunto de atividades que busca solucionar problemas. Ou seja, a pesquisa tem foco na busca por respostas para certos questionamentos e possui como ponto de partida a "[...] investigação de uma dada realidade que ajuda na compreensão e orienta a ação, com base na observação de fatos, a partir de um objetivo traçado [...]" (FARIAS FILHO; ARRUDA FILHO, 2015, p. 68–70).

Para que tais propósitos sejam atendidos, fazendo com que o esforço empenhado resulte na evolução do conhecimento, o trabalho de pesquisa precisa corresponder a "[...] uma atividade planejada, metódica e sistemática, por meio de um conjunto de passos previamente definidos [...]" (FARIAS FILHO; ARRUDA FILHO, 2015, p. 68–70). Assim, planejar uma pesquisa consiste em definir previamente ações, meios e procedimentos a serem aplicados nela, o que requer um nível mínimo de informações sobre o problema que se pretende resolver. Essa previsão precisa ser suficientemente completa, compreendendo etapas e procedimentos, métodos, técnicas e instrumentos de coleta de dados/informações. Por isso, antes de planejar uma pesquisa, é importante tratar do conhecimento prévio sob todos esses aspectos mencionados, para que os dados possam ser selecionados de maneira adequada aos objetivos da pesquisa.

 **Fique atento**

O planejamento de uma pesquisa consiste em "pensar a pesquisa" para que ela seja uma atividade planejada, metódica e sistemática. Isso ocorre por meio de um conjunto de passos previamente definidos.

O **projeto**, por sua vez, consiste no plano de execução de um trabalho, cujas etapas podem ocorrer de forma exclusiva, simultânea ou ambas, de maneira intercalada. Desse modo, projetar uma pesquisa consiste em prever, com o máximo cuidado e detalhamento possíveis, o que será realizado em um momento futuro, quando a pesquisa for realizada. Ou seja, um projeto de pesquisa é um plano das ações futuras. Há considerável esforço envolvido para se alcançarem os objetivos propostos. Primeiramente, portanto, é preciso traçar objetivos claros e atingíveis. Além disso, ao se projetar uma pesquisa, deve-se pensar em questões como a capacidade de desenvolvê-la com os recursos disponíveis (entre os quais o tempo costuma ser o mais escasso). Isso faz com que um projeto de pesquisa seja muito mais do que mera formalidade. Ele é uma programação cuidadosa para o desempenho de uma atividade (a pesquisa) cujos resultados serão tão confiáveis quanto forem os cuidados teóricos e metodológicos tomados em sua condução (FARIAS FILHO; ARRUDA FILHO, 2015).

Assim, o projeto de pesquisa se constitui em um esquema para coleta, mensuração e análise dos dados. Ele auxilia o pesquisador na escolha da metodologia e na alocação dos recursos, para que possa atingir seus objetivos e responder às questões propostas (COOPER; SCHINDLER, 2016). O projeto de pesquisa permite que o autor estabeleça, de forma clara e precisa, o que vai fazer e como. Isso faz do projeto um documento cuja produção é indispensável para a pesquisa, servindo a tudo o que foi mencionado e ainda sendo utilizado para demandas como obtenção de autorização para execução e financiamento da pesquisa. Além disso, a elaboração do projeto de pesquisa busca evitar vieses (erros sistemáticos) e viabiliza a capacidade de reprodutibilidade da pesquisa. Isso garante que outros pesquisadores possam, seguindo o projeto de pesquisa, encontrar resultados semelhantes (FARIAS FILHO; ARRUDA FILHO, 2015).

 **Fique atento**

O projeto de uma pesquisa consiste no plano das ações futuras envolvidas nessa pesquisa. Ele consiste em uma programação cuidadosa para o desempenho da pesquisa, que permite estabelecer o que precisa ser feito e como.

Então, é correto afirmar que tanto planejamento quanto projeto possuem relação direta com os elementos que integram a pesquisa em si. Porém, o planejamento tem maior relação com a concepção da pesquisa, enquanto o projeto está mais voltado para a sua execução. O planejamento trata da decisão de realizar o trabalho, seja por interesse próprio do pesquisador ou por demanda de uma instituição ou entidade. Ele envolve aspectos como intenções, objetivos, metas e resultados pretendidos com o estudo. Enquanto isso, o projeto se encarrega de dar corpo ao planejamento, transformando-o em ações por meio de um plano em que estão contidas as definições do que é preciso fazer para que objetivos, metas e resultados sejam atingidos.

Fique atento

Planejamento e projeto são elementos integrantes da pesquisa. O projeto faz parte do planejamento, registrando e detalhando o que foi idealizado.

No Quadro 1, a seguir, você pode observar uma síntese das principais características e funções do planejamento e do projeto. A ideia é que você compreenda os conceitos, as relações e as diferenças entre eles.

Quadro 1. Principais características e funções do planejamento e do projeto de pesquisa

Planejamento	Projeto
Envolve a decisão de realizar a pesquisa	Transforma o planejamento em ações
Define a ideia, a intenção e os objetivos	Define o que é necessário fazer
É mais conceitual (campo das ideias)	É mais prático (campo das ações)
É a primeira coisa a se fazer em uma pesquisa	É a etapa final do planejamento

Além de se familiarizar com essas considerações iniciais sobre o planejamento e o projeto de pesquisa, é recomendável que você conheça mais detalhes a respeito de cada um desses importantes fatores, que são extremamente relevantes no contexto da pesquisa científica. É isso o que você vai ver a seguir.

As etapas do planejamento de pesquisa

A pesquisa científica serve aos mais diversos ramos da ciência, entre os quais é possível destacar áreas como a medicina. Porém, seja qual for o campo de interesse, uma pesquisa científica é composta por três fases principais: planejamento, execução e divulgação. A primeira fase (o planejamento) é formada por cinco etapas: ideia (pergunta da pesquisa); plano de intenção (resumo do projeto de pesquisa); revisão de literatura; teste de instrumentos e procedimentos; projeto de pesquisa. O tempo e o trabalho investidos no planejamento possibilitam que a pesquisa avance para a segunda fase (a execução) e que ela seja realizada sem problemas. A segunda fase é iniciada após a pesquisa ser aprovada e finalizada com a redação do relatório final.

A terceira fase (a divulgação) consiste na publicação dos resultados obtidos por meio da pesquisa. As informações do relatório final são sintetizadas com a elaboração de um artigo original, destinado à comunidade de leitores e pesquisadores interessados no assunto por meio da publicação nos veículos adequados, como em uma revista científica (MAFFEI *et al.*, 2016). No Quadro 2, você pode verificar o conjunto formado por essas fases e ter uma visão geral da pesquisa científica. Além disso, pode visualizar onde o planejamento está localizado e de que elementos é composto.

Quadro 2. Principais fases da pesquisa científica

Planejamento	Execução	Divulgação
▪ Ideia	▪ Pesquisa-piloto	▪ Publicação dos
▪ Plano de intenção	▪ Coleta de dados	resultados
▪ Revisão de literatura	▪ Armazenamento	▪ Artigo
▪ Teste de	▪ Tabulação	
instrumentos e	▪ Análise	
procedimentos	▪ Interpretação	
▪ Projeto de pesquisa	▪ Relatório final	

Analisando o Quadro 2, você pode notar a forte conexão entre planejamento e projeto de pesquisa. Além disso, você pode começar a compreender melhor a ordem em que as coisas acontecem. Perceba que o projeto de uma pesquisa é uma parte importante de seu planejamento, mas note também que o projeto não é a primeira coisa a se fazer em um trabalho de pesquisa, como muitos podem pensar. Na verdade, a primeira coisa a se fazer para o desenvolvimento de uma pesquisa é o seu planejamento, composto pelas etapas demonstradas no Quadro 2, entre as quais está o projeto (MAFFEI *et al.*, 2016).

O fato é que o planejamento e o projeto fazem parte do macrocontexto do processo de desenvolvimento da pesquisa científica, como você pode ver na Figura 1. Ela mostra um esquema semelhante ao conjunto das principais fases da pesquisa científica apresentado anteriormente, porém agora dando maior destaque a alguns elementos. É importante que você consiga perceber onde cada um desses elementos se encaixa nesse contexto, o que inclui verificar o que ocorre antes e depois de cada um deles (DE SORDI, 2017).

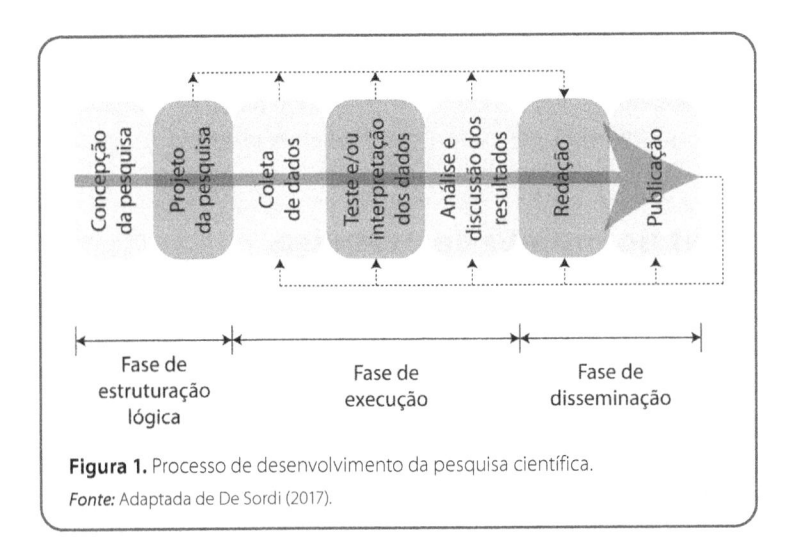

Figura 1. Processo de desenvolvimento da pesquisa científica.
Fonte: Adaptada de De Sordi (2017).

Veja que tudo se inicia com a fase de estruturação lógica, que corresponde ao planejamento da pesquisa. A primeira etapa é a da concepção, que trata da estruturação da pesquisa, correspondendo ao estágio durante o qual é definido o problema de pesquisa que se pretende responder por meio do trabalho que será realizado ao longo das demais fases. É importante destacar que a etapa da concepção da pesquisa não trata apenas da escolha de um problema a ser estudado, e sim de identificar um problema relevante, que seja digno de pesquisa (uma questão científica). A partir dele é que o trabalho avança para os demais estágios, sendo o próximo deles um importante passo no processo de desenvolvimento da pesquisa científica: o projeto (DE SORDI, 2017).

Ainda é importante que você considere o papel desempenhado por cada uma das etapas do planejamento da pesquisa. Em primeiro lugar, há a **ideia**.

Ela nasce de uma dúvida e dá origem às hipóteses que serão testadas na pesquisa. Assim, a ideia é, além da primeira etapa do planejamento, também o ponto de partida da pesquisa em si. O **plano de intenção**, por sua vez, corresponde a uma anotação realizada tão logo ocorra a ideia, servindo incialmente para que ela não se perca, para que depois possa ser progressivamente melhorada, até se transformar no resumo do projeto de pesquisa a ser elaborado.

Já a **revisão de literatura** consiste no mapeamento teórico do estado atual de conhecimento sobre o tema em questão. A revisão tem como base pesquisas já realizadas e busca verificar se a ideia é viável do ponto de vista teórico. Enquanto isso, o **teste de instrumentos e procedimentos** procura verificar se as rotinas e técnicas que se pretende utilizar podem ser realizadas com os recursos disponíveis. Por fim, chega-se ao **projeto de pesquisa**, que corresponde ao documento em que todas as demais fases constam registradas, o que inclui a ideia, o conhecimento atual sobre o tema e o método de como chegar à resposta para a dúvida/pergunta/hipótese proposta.

As fases do projeto de pesquisa

Como você viu, o projeto é uma etapa que antecede a pesquisa propriamente dita. Ele também possui seus próprios requisitos, sendo o principal deles a realização do planejamento, que consiste em uma fase prévia do projeto de pesquisa. Essa fase é composta pela ideia que dá origem ao projeto e pela questão ou questões de pesquisa. Esses elementos, quando elaborados formalmente e organizados sistematicamente na busca por respostas, tornam-se um plano de pesquisa, um projeto. Desse modo, o projeto é a fase que procede o planejamento e precede a pesquisa, enquanto o relatório de pesquisa (artigo, monografia, dissertação, tese) é a fase posterior a ela. Então, tem-se a pesquisa como foco; antes dela, há o projeto para executá-la; depois dela, o relatório com a síntese de seus resultados (FARIAS FILHO; ARRUDA FILHO, 2015).

Nesse contexto, é importante você notar que, antes que o trabalho de pesquisa seja realizado, ele precisa ser cuidadosamente planejado, e o projeto de pesquisa corresponde ao registro desse planejamento. Essa tarefa de elaboração de um projeto de pesquisa requer que o pesquisador se dedique preliminarmente a questões como: ter um objetivo de pesquisa bem definido, saber como ele está problematizado, definir que hipóteses serão levadas em consideração na busca por solução para o problema, estabelecer quais elementos teóricos serão utilizados, identificar que recursos instrumentais estão disponíveis para a pesquisa, entre outras. Desse modo, o projeto de pesquisa servirá ao planejamento adequado das atividades a serem desenvolvidas, atuando como um roteiro de trabalho bastante eficaz. Isso viabiliza que o pesquisador desenvolva aspectos como a disciplina de trabalho, não somente em relação à ordem dos procedimentos lógicos e metodológicos a serem seguidos, mas também no que diz respeito à organização e à distribuição do tempo (SEVERINO, 2007).

Para atender a todo esse conjunto de demandas, um projeto de pesquisa bem elaborado e completo deve conter elementos como: título da pesquisa, dados de informação do autor e do orientador, justificativa da pesquisa, hipótese, objetivo, plano de trabalho, métodos, etapas da pesquisa e cronograma. Além disso, deve incluir: relação de materiais necessários, orçamento, monitoramento da pesquisa, análise dos riscos e benefícios, propriedades de informação e divulgação da pesquisa, responsabilidades do pesquisador, da instituição, do promotor e do patrocinador, referências, entre outros elementos mais específicos, de acordo com cada categoria de pesquisa (MAFFEI *et al.*, 2016).

É comum utilizar um roteiro para a elaboração do projeto de pesquisa. Esse roteiro contém o conjunto básico dos elementos que constituem a pesquisa. Além disso, em determinadas situações, ele pode assumir formatos específicos (tanto no que diz respeito à quantidade de itens quanto à ordem deles), mas via de regra costuma apresentar uma estrutura fixa. Tal estrutura é viabilizada pelos seguintes passos (FARIAS FILHO; ARRUDA FILHO, 2015; GIL, 2017; SEVERINO, 2007):

- definição do tema de pesquisa (vinculado a uma área e a uma subárea da ciência);
- formulação do problema e das questões auxiliares (norteadoras da pesquisa);
- determinação dos objetivos (geral e específicos);
- identificação do tipo de pesquisa (tipos diferentes de pesquisa requerem diferentes elementos em seu projeto);
- construção de hipóteses (respostas provisórias às questões formuladas) ou questões norteadoras (questionamentos que fragmentam o problema em partes menores);
- elaboração da justificativa — social, pessoal/profissional, acadêmica, entre outras (aqui cabe uma breve apresentação de dados/informações sobre o ambiente/objeto da pesquisa);
- revisão da literatura (leitura de material produzido, científico e não científico, sobre o tema/assunto em estudo);
- definição do referencial teórico (discussão de categorias, conceitos e variáveis de determinada teoria científica);
- definição dos procedimentos metodológicos (incluindo a caracterização do ambiente e do objeto da pesquisa com demonstração de seu foco —

questões como população e amostra, estratégia e instrumentos de coleta, plano para análise de dados, forma de apresentação de resultados);

■ definição dos recursos necessários para a pesquisa (como recursos humanos, materiais e financeiros, ou até mesmo o tempo) e cronograma.

Saiba mais

É comum que algumas instituições de ensino utilizem as expressões "revisão de literatura" e "referencial teórico" como equivalentes. Porém, elas são duas etapas distintas que auxiliam na formação da fundamentação teórica de sua pesquisa.

Revisar a literatura consiste em pesquisar o que já existe de literatura publicada sobre o tema a respeito do qual você pretende tratar em sua pesquisa. Como, no geral, não se deseja usar "tudo" sobre o assunto, é preciso definir qual base teórica será usada como referência para a pesquisa.

Por sua vez, definir o referencial teórico consiste em definir/escolher, entre as obras pesquisadas, quais poderão ser utilizadas como referencial para ajudar no aprofundamento do texto. Tais obras, como você pode imaginar, devem ser adequadas cientificamente. Assim, formar a fundamentação teórica consiste em usar os referenciais definidos para "embasar" a sua escrita.

Por meio do cumprimento dos passos descritos, o pesquisador elabora os elementos formadores da estrutura do seu projeto de pesquisa. O objetivo desses passos é permitir o planejamento e a condução adequada do trabalho de pesquisa, além de evitar que o pesquisador se perca ao longo do caminho, em meio a tantas ideias, dados e informações. Nesse contexto, o projeto de pesquisa desempenha uma missão: a de conduzir o pesquisador na busca por respostas relativas a algumas questões-chave para o desenvolvimento do trabalho de pesquisa: o quê? Por quê? Para quê? Para quem? Onde? Como? Com quê? Quanto? Quando? Essas questões, quando associadas aos elementos da estrutura do projeto de pesquisa enquanto texto, resultam na síntese a seguir (MARCONI; LAKATOS, 2017; SEVERINO, 2007):

■ apresentação do trabalho (seu título) e dos envolvidos nele (quem?);
■ objetivos (para que e para quem?);
■ justificativa (por quê?);
■ objeto (o quê?);
■ metodologia (como? com quê? onde? quanto?);
■ embasamento teórico (como?);

- cronograma (quando?);
- orçamento (com quanto?);
- instrumento(s) de pesquisa (como?).

Ao analisar as questões apresentadas, você pode perceber que elas permitem formar as fases da preparação do projeto de pesquisa (não são as fases do projeto em si, mas são importantes subsídios para a elaboração dele e para a formação de seus elementos constituintes). Veja:

- o que pesquisar? — definição do tema e do problema de pesquisa e sua base teórica;
- por que pesquisar? — justificativa;
- para que pesquisar? — objetivos da pesquisa (geral e específicos);
- como pesquisar? — onde buscar informações e que instrumentos utilizar para essa busca;
- quando pesquisar? — cronograma de execução da pesquisa;
- quais recursos? — orçamento para a pesquisa.

Bell (2008) propõe agrupar tais questões em função das conexões existentes entre elas, ordenando-as de certa maneira. Além disso, a autora adiciona outros aspectos igualmente relevantes que integram o projeto de pesquisa, apresentando uma ideia mais sintética sobre as fases desse projeto. O foco da proposta da autora está na importância de se planejar o projeto de pesquisa: o projeto serve ao planejamento da pesquisa, mas ele também precisa ser planejado. Para tanto, Bell (2008) sugere:

- realizar um trabalho de base antes da escolha do tema central da sua pesquisa — isso permite que você faça uma escolha melhor;
- começar o trabalho colocando suas ideias no papel — isso ajuda você a esclarecer seus pensamentos, estabelecer prioridades e delimitar o tema;
- definir objetivos, questões de pesquisa e hipóteses — objetivos e questões auxiliam você a definir melhor o que pretende fazer, e as hipóteses lhe permitem fazer afirmações que servirão como guias para testar suas ideias;
- elaborar o título e fazer um esboço do projeto — isso lhe permite ter ainda mais clareza sobre o que pretende fazer (tema, objetivos, questões);
- organizar o tempo, elaborando uma lista de etapas a serem cumpridas e estabelecendo o que precisa ser feito e qual é o prazo para a conclusão.

Atendidos esses tópicos, o projeto segue para as fases seguintes, que incluem leituras, busca por referências, manejo de informações, busca bibliográfica, revisão teórica e escolha de métodos. É importante você notar que, conforme mencionado anteriormente, a estrutura de passos proposta para a elaboração de um projeto de pesquisa não é rígida. Ela é definida em função da pesquisa realizada, podendo variar tanto em sua ordem quanto em relação ao seu número de elementos. Orçamento e cronograma, por exemplo, são itens que podem ser obrigatórios ou não, dependendo da pesquisa a ser realizada, sendo mais comuns em casos em que a pesquisa é encomendada por alguma instituição. Contudo, ainda que não sejam obrigatórios, tais elementos podem proporcionar benefícios ao pesquisador, permitindo a melhor organização daquilo que precisa fazer e do tempo destinado a cada atividade.

Como você viu, a elaboração de um projeto de pesquisa depende de inúmeros fatores, como da natureza do problema que se pretende tratar na pesquisa. Esse é um aspecto bastante importante durante a elaboração do projeto, que impacta a definição do tipo de pesquisa, requerendo distintas estruturas de projeto, além de impactar as fases do projeto.

Exemplo

Uma pesquisa que tem o objetivo de verificar a intenção de voto em uma eleição demanda a elaboração de um projeto relativamente simples, permitindo determinar com facilidade aspectos como ações necessárias e custos. Já uma pesquisa com o objetivo de identificar fatores que determinam o nível de participação política de uma população demanda a elaboração de um projeto mais complexo, podendo exigir até mesmo um anteprojeto.

Um projeto com um problema de pesquisa mais complexo pode requerer etapas complementares na sua elaboração, como a realização de um plano genérico ou anteprojeto. Nessa situação, a elaboração do projeto pode ser composta pelas fases apresentadas na Figura 2 (GIL, 2017; MARCONI; LAKATOS, 2017).

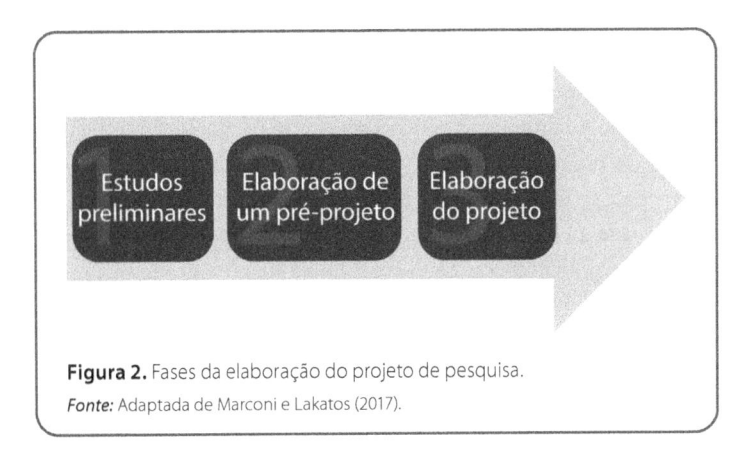

Figura 2. Fases da elaboração do projeto de pesquisa.
Fonte: Adaptada de Marconi e Lakatos (2017).

Em primeiro lugar, é sempre recomendável que você realize **estudos preliminares** para verificar o estado da questão que pretende tratar na pesquisa. Você deve considerar o aspecto teórico e outros estudos e pesquisas já elaboradas sobre o tema (a revisão de literatura e a definição do referencial teórico mencionadas anteriormente). A elaboração de um **anteprojeto**, também chamado de "pesquisa-piloto" ou "pré-teste", tem a finalidade de integrar quadros teóricos e aspectos metodológicos de forma adequada ao estudo proposto. Por fim, a elaboração do **projeto definitivo** é mais detalhada do que a do anteprojeto, apresentando maior nível de detalhes, rigor e precisão metodológicos (MARCONI; LAKATOS, 2017).

 **Exemplo**

Uma fábrica de automóveis, quando decide realizar um estudo para o lançamento de um novo modelo de carro, além de investigar os desejos e necessidades de seus clientes, também constrói protótipos e os testa antes de lançar o novo produto no mercado. Isso permite que a empresa teste os inúmeros componentes do carro em condições reais de funcionamento, o que não seria possível fora desse ambiente, por mais que a tecnologia tenha trazido facilidades às etapas de testes. Esse processo também garante melhores resultados no desempenho do produto, pois eventuais defeitos são detectados e corrigidos. Além disso, ocorre economia de tempo e dinheiro antes que o produto entre na linha de montagem.

Agora, que tal sintetizar as ideias apresentadas até aqui? Para isso, é possível utilizar as considerações de Marconi e Lakatos (2017), que chamam a atenção para o fato de que em uma pesquisa não se deve fazer nada ao acaso.

É necessário agir de forma cuidadosa em relação: à escolha do tema, à definição e à fixação dos objetivos, à determinação da metodologia, à coleta, à análise e à interpretação de dados para a elaboração do relatório final. Isso reforça a importância do planejamento e do projeto de pesquisa, que são importantes etapas do processo de elaboração, execução e apresentação de uma pesquisa.

Ainda é possível levar em conta as considerações de Larson e Gray (2016) e descrever o projeto como a etapa final do planejamento da pesquisa. Nesse sentido, o projeto consiste no documento que elenca o conjunto de atividades necessárias para se atingirem os objetivos definidos no planejamento. Assim, o planejamento e o projeto de pesquisa são essenciais para a condução adequada do trabalho de pesquisa e de seus resultados. Por isso, merecem toda a sua atenção e toda a sua dedicação. Então, fique atento e invista nessas etapas, pois elas certamente lhe trarão benefícios futuros no desenvolvimento de sua pesquisa. Veja a seguir, as etapas que levam ao projeto de pesquisa.

1. Tema
2. Problema
3. Objetivo geral
4. Objetivos específicos
5. Justificativa
6. Hipóteses/ questões norteadoras
7. Fundamentação teórica
8. Metodologia
9. Referencial teórico
10. Recursos e cronograma

Fique atento

A elaboração do projeto de pesquisa pode ser comparada à subida de uma escada: cada degrau representa uma etapa vencida. Ao mesmo tempo, surge sempre um novo desafio. Chegar ao topo da escada significa estar com o projeto de pesquisa pronto.

É primordial respeitar cada degrau da escada, pois subir muito depressa pode fazer com que você precise voltar a degraus já superados. Isso significa que a má elaboração de etapas anteriores pode resultar em problemas nas fases seguintes.

Etapas realizadas de forma inadequada podem comprometer a solidez do projeto, impedindo que ele gere os resultados esperados, que podem ser, por exemplo, a seleção em uma candidatura de pós-graduação e a obtenção de um financiamento.

Como o projeto é o produto final do planejamento, registrando tudo o que foi pensado e decidido durante a concepção e a preparação da pesquisa, ele se constitui como um documento essencial para a execução do trabalho. Ao decidir fazer uma pesquisa, você pode estar entusiasmado e ansioso para começar as tarefas, desejando iniciar logo a parte prática, como a coleta e a análise de dados. Mas não caia nessa tentação: tenha o cuidado de elaborar cuidadosamente o seu projeto de pesquisa antes de arregaçar as mangas e colocar as mãos na massa. Esse é um investimento que certamente lhe trará bons resultados durante a execução do seu projeto de pesquisa.

Link

Para saber mais sobre cada uma das etapas do projeto de pesquisa, assista ao vídeo disponível no *link* a seguir.

https://goo.gl/1V67AS

Referências

BELL, J. *Projeto de pesquisa:* guia para pesquisadores iniciantes em educação, saúde e ciências sociais. 4. ed. Porto Alegre: Artmed, 2008.

COOPER, D. R.; SCHINDLER, P. S. *Métodos de pesquisa em administração.* 12. ed. Porto Alegre: AMGH, 2016.

DE SORDI, J. O. *Desenvolvimento de projeto de pesquisa.* São Paulo: Saraiva, 2017.

FARIAS FILHO, M. C.; ARRUDA FILHO, E. J. M. *Planejamento da pesquisa científica.* 2. ed. São Paulo: Atlas, 2015.

GIL, A. C. *Como elaborar projetos de pesquisa.* 6. ed. São Paulo: Atlas, 2017.

KOLLER, S. H.; COUTO, M. C. P. P.; HOHENDORFF, J. V. (org.). *Manual de produção científica.* Porto Alegre: Penso, 2014.

LARSON, E. W.; GRAY, C. F. *Gerenciamento de projetos:* o processo gerencial. 6. ed. Porto Alegre: AMGH, 2016.

MAFFEI, F. H. A. *et al. Doenças vasculares periféricas*. 5. ed. Rio de Janeiro: Guanabara, 2016. v. 1 e 2.

MARCONI, M. A.; LAKATOS, E. M. *Fundamentos de metodologia científica*. 8. ed. São Paulo: Atlas, 2017.

SEVERINO, A. J. *Metodologia do trabalho científico*. 23. ed. São Paulo: Cortez, 2007.

Contextualização da pesquisa

Objetivos de aprendizagem

Ao final deste texto, você deve apresentar os seguintes aprendizados:

- Definir um tema a partir da descrição de um problema.
- Identificar o problema por meio de uma questão norteadora.
- Definir os objetivos e a justificativa de pesquisa.

Introdução

O desenvolvimento de uma pesquisa científica é uma tarefa complexa. Ele exige consideráveis doses de dedicação e preparação. As ações e o trabalho devem ser adequadamente planejados para que não apenas o relatório de pesquisa seja gerado ao final do estudo, mas para que a pesquisa em si atinja os resultados esperados no cenário da produção científica.

Para que isso seja possível, o planejamento da pesquisa deve considerar elementos fundamentais ao bom desenvolvimento do estudo e seus resultados, como tema, problema, objetivos e justificativa. Como você pode imaginar, definir esses elementos não é uma tarefa fácil, mas é imprescindível que o pesquisador empenhe seus melhores esforços nela.

Neste capítulo, você vai aprender a definir um tema de pesquisa e verificar que a elaboração do problema pode auxiliar nessa tarefa. Além disso, você vai ver como o problema pode ser adequadamente identificado por meio de uma questão norteadora. Por fim, você vai ver como definir os objetivos e a justificativa da pesquisa.

Definição do tema a partir do problema de pesquisa

Uma pesquisa consiste em um trabalho fundamentado e metodologicamente construído que visa a esclarecer uma questão ou solucionar uma dificuldade. No âmbito da ciência, uma pesquisa parte de uma questão não resolvida, que demanda discussão, investigação, decisão e solução e que pode ser objeto de estudo em algum domínio do conhecimento (DE SORDI, 2017).

Maffei *et al.* (2016) apontam que uma pesquisa nasce a partir de uma **ideia**, que é a primeira etapa do planejamento do estudo a ser desenvolvido, o ponto de partida da pesquisa em si. A ideia corresponde a um processo criativo que nasce de uma dúvida e dá origem às hipóteses que serão testadas na pesquisa, como você pode ver na Figura 1. Por isso, a ideia tem, entre seus elementos fundamentais, características como curiosidade, iniciativa, disposição e raciocínio lógico.

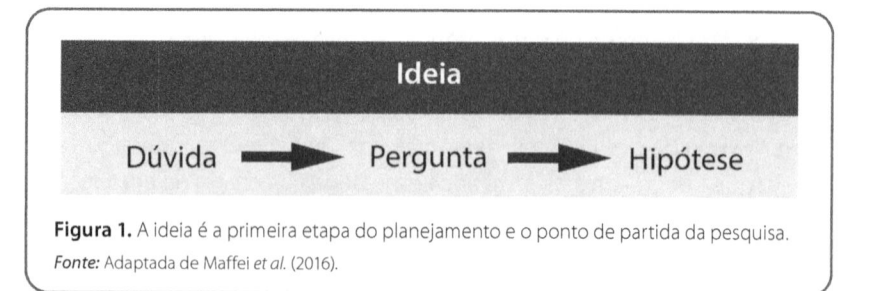

Figura 1. A ideia é a primeira etapa do planejamento e o ponto de partida da pesquisa. *Fonte:* Adaptada de Maffei *et al.* (2016).

Nesse contexto, Lakatos e Marconi (2017) comentam que existem dois importantes elementos que guiam a pesquisa: o tema e o problema de pesquisa. Esses elementos representam e apresentam o cenário no qual a pesquisa está inserida sob diferentes perspectivas, uma mais genérica e outra mais focada, respectivamente. Assim, o **tema** indica o assunto macro que se pretende estudar, permitindo identificar o campo no qual a pesquisa será desenvolvida. Já o **problema** oferece detalhes a respeito do tema, buscando apresentá-lo de forma mais aprofundada e focada. O problema especifica o tema e o traz para a pauta de discussões, fomentando a curiosidade e promovendo indagações.

Exemplo

A seguir, veja exemplos de problema e tema.

- Problema: muitas são as razões atribuídas para a dificuldade que alunos de diferentes áreas do conhecimento têm para acompanhar os conteúdos no início da faculdade. Entre elas, pode-se identificar a falta de base em sua formação. No entanto, ainda não é claro o que leva a essa falta de base.
- Tema: razões para a falta de base na formação dos universitários de primeiro ano. Considere que o pesquisador acredita que o professor do ensino médio nem sempre está preparado para ensinar conteúdos mais específicos, como português e matemática. Assim, o problema ainda não está adequadamente descrito para que o tema seja identificado corretamente. Logo, é essencial fazer uma descrição mais precisa. A ideia é que o autor parta do problema para definir o tema.

Lakatos e Marconi (2017) salientam que o tema é o assunto que se deseja provar ou desenvolver por meio da pesquisa. Ele consiste em uma dificuldade ainda sem solução e que é relevante o suficiente para ser estudada. Portanto, tal dificuldade deve ser determinada com precisão, para que possa, então, ser examinada, avaliada criticamente e solucionada. Determinar com precisão significa enunciar um problema, isto é, determinar o objetivo central da indagação. Assim, enquanto o tema de uma pesquisa é uma proposição abrangente, a formulação do problema é mais específica, indicando exatamente qual é a dificuldade que se pretende resolver.

De Sordi (2017) comenta que o problema é o questionamento ao qual a pesquisa pretende responder. Assim, o problema é o que conduz ao raciocínio que gera a pesquisa. Isso faz do problema o ponto de partida da pesquisa. Desse modo, o desenvolvimento da pesquisa depende da formulação do problema. Além disso, é importante você notar que a definição do tema exige um importante fator que a precede: a contextualização da pesquisa.

A **contextualização**, como o próprio nome já sugere, é a parte do trabalho responsável por apresentar o contexto, cenário ou pano de fundo sobre o qual a pesquisa será desenvolvida, ou seja, a problemática maior da qual decorrem o tema e o problema de pesquisa. Em outras palavras, é essencial que exista uma contextualização capaz de inserir o leitor do texto no cenário, permitindo que ele vá aos poucos mergulhando no universo que o autor pretende trabalhar.

Durante a contextualização, o foco da pesquisa vai sendo construído parte a parte, conduzindo o assunto de tal forma que as ideias vão se afunilando, até chegar ao ponto que o autor almeja. Depois disso, é possível apresentar o tema de pesquisa e, em seguida, o problema que se pretende tratar, buscando contribuir para a sua solução.

Ainda segundo De Sordi (2017), tudo começa na fase da estruturação lógica, que é iniciada pela concepção da pesquisa. Nessa etapa, é definida a questão que se pretende responder por meio da pesquisa, ou seja, o problema que se pretende solucionar. Por isso, o estágio da concepção da pesquisa não trata apenas da escolha de um problema a ser estudado, e sim da identificação de um problema relevante, cujo desenvolvimento tenha importância.

Lakatos e Marconi (2017) definem o tema como o assunto que o pesquisador deseja estudar. Para tanto, a sua escolha deve ser realizada com cuidado. Indicar um tema significa:

- escolher o assunto de acordo com as inclinações, as possibilidades, as aptidões e as tendências de quem está se propondo a elaborar um trabalho científico;
- encontrar um objeto que mereça ser investigado de maneira científica e que possa ter condições de ser formulado e delimitado em uma pesquisa.

Os autores ainda destacam outros aspectos importantes que devem ser levados em conta no momento da escolha do tema: ele deve ser passível de ser executado e também adequado no que tange a fatores internos, externos ou ainda pessoais. Ou seja, é necessário levar em consideração: disponibilidade de tempo, interesse, utilidade e determinação para levar o estudo até o final, independentemente das dificuldades que surgirem ao longo do caminho. As qualificações pessoais e a formação universitária que o pesquisador possui também estão em jogo.

Gil (2017) relata que, para escolher adequadamente um tema, é necessário analisar diferentes assuntos, tarefa que pode ser facilitada por alguns questionamentos. Veja:

- Quais são os campos de sua especialidade que mais lhe interessam?
- Quais são os temas que mais o instigam?
- Entre tudo o que você já estudou, o que mais lhe dá vontade de efetuar um estudo aprofundado?

Se você responder a esses questionamentos, vai conseguir dar o primeiro passo na escolha do tema para o desenvolvimento de sua pesquisa. Afinal, vai ser mais fácil escolher e abordar um tema com o qual você já teve contato do que trabalhar com um assunto totalmente distante de sua realidade e de seu contexto de estudos. Feita a escolha preliminar e mais genérica do tema, entra em cena outro importante elemento que vai auxiliar você na avaliação da opção escolhida: o problema de pesquisa.

A palavra "problema" possui diferentes definições. O seu significado pode variar de acordo com o contexto no qual a palavra está inserida. Contudo, entre os diferentes significados da palavra "problema", o que interessa aqui é o seguinte: problema é um assunto controverso, que ainda não foi satisfatoriamente respondido por algum campo do conhecimento e que possui relevância suficiente para que seja objeto de pesquisas científicas ou discussões acadêmicas (GIL, 2017).

Essa é a definição que melhor caracteriza o problema da pesquisa científica. Afinal, toda pesquisa se inicia com algum tipo de problema ou indagação, porém nem todo problema é passível de tratamento científico. Desse modo, para realizar uma pesquisa, é necessário, em primeiro lugar, verificar se o problema proposto é considerado científico. Para que um problema seja científico, deve atender a alguns requisitos, tais como:

- indagar como são as coisas, suas causas e consequências;
- possibilitar a investigação segundo os métodos próprios da ciência;
- permitir que seja diretamente respondido pela ciência e seus métodos;
- permitir que a pesquisa científica dê respostas à questão proposta;
- envolver variáveis suscetíveis de observação;
- envolver proposições que podem ser testadas mediante verificação empírica.

Lakatos e Marconi (2005) definem um problema como uma dificuldade teórica ou prática no conhecimento de algo. Tal dificuldade possui real importância e é preciso encontrar uma solução para ela. Para que possa ser definido, um problema deve ser especificado com detalhes precisos e exatos, devendo ainda haver clareza, concisão e objetividade. Isso envolve um processo contínuo de pensar reflexivo. A formulação do problema requer conhecimentos prévios do assunto, ao mesmo tempo em que precisa da imaginação criativa do pesquisador.

Outro fator importante é que o problema deve ser analisado em relação à sua valoração, que inclui os aspectos listados a seguir.

- Viabilidade: pode ser eficazmente resolvido por meio da pesquisa.
- Relevância: deve ser capaz de proporcionar novos conhecimentos.
- Novidade: deve estar adequado ao estágio atual da evolução científica.
- Exequibilidade: pode chegar a uma conclusão válida.
- Oportunidade: pode atender a interesses particulares e gerais.

A escolha de problemas de pesquisa é determinada por diversos fatores. Os mais importantes são os valores sociais do pesquisador e os incentivos sociais. A formulação do problema pode derivar de diferentes motivações, tanto de ordem prática quanto de ordem intelectual (GIL, 2017). Veja a seguir.

- Ordem prática — resulta na formulação de problemas que:
  - demandam uma resposta que seja importante para subsidiar determinada ação;
  - são voltados para a avaliação de certas ações ou programas;
  - são referentes às consequências de várias alternativas possíveis;
  - predizem acontecimentos com vistas a planejar uma ação adequada.
- Ordem intelectual — resulta na formulação de problemas que:
  - exploram um objeto pouco conhecido;
  - são voltados para áreas já exploradas, mas com o objetivo de determinar com maior especificidade as condições em que certos fenômenos ocorrem ou o modo como podem ser influenciados por outros;
  - buscam testar uma teoria específica ou apenas descrever determinado fenômeno.

Gil (2017) ainda comenta que a formulação do problema é uma tarefa muito importante e dotada de uma inegável complexidade, por ser estreitamente vinculada ao processo criativo. Tal tarefa não se faz mediante a observação de procedimentos rígidos e sistemáticos. Contudo, a experiência de pesquisadores possibilita o desenvolvimento de algumas regras práticas que auxiliam na formulação de problemas científicos. A seguir, você pode ver algumas características que um problema deve ter.

- Formulado como pergunta: essa é a maneira mais fácil e direta de formular um problema, facilitando a sua identificação por parte de quem consulta o projeto ou o relatório da pesquisa.

- Claro e preciso: a falta dessas condições pode levar o problema a não ser solucionado. A imprecisão e a falta de clareza podem ser motivadas pela utilização de termos inadequados, que provocam ambiguidade. Uma saída para lidar com isso é a definição operacional que indica como o fenômeno é medido.

- Empírico: problemas científicos não devem se referir a juízos de valor, que levam a considerações subjetivas, invalidando os propósitos da investigação científica. Ao invés disso, você deve buscar objetividade. É preciso estudar os problemas como fatos empíricos e não como percepções pessoais.

- Suscetível de solução: ao formular um problema, o pesquisador deve se certificar de que existe tecnologia adequada para a sua solução. Caso contrário, ainda que o problema seja claro, preciso e refira-se a conceitos empíricos, pode acontecer de o pesquisador não ter ideia de como coletar os dados necessários à sua resolução.

- Delimitado a uma dimensão viável: os problemas em geral, especialmente os que são formulados em termos muito amplos, demandam algum tipo de delimitação (como a determinação da população a ser investigada), o que possui estreita relação com os meios disponíveis para investigação.

- Ético: quando a pesquisa ocorre com seres humanos, ela deve ser ética, pois precisa respeitar as leis que regem a pesquisa envolvendo seres humanos. Assim, deve abarcar: respeito ao participante em sua integridade e autonomia; ponderação entre os riscos e benefícios individuais ou coletivos; garantia de que danos previsíveis serão evitados; relevância social.

Pardinas (*apud* LAKATOS; MARCONI, 2005) destaca que o problema pode ter diferentes formas, de acordo com o objetivo do trabalho. Veja a seguir.

- Problema de estudos acadêmicos: baseado em um estudo descritivo de caráter informativo, explicativo ou preditivo.

- Problema de informação: baseado em coleta de dados a respeito de estruturas e condutas que devem ser observadas dentro de uma área de fenômeno.

- Problema de ação: baseado em um campo de ação em que determinados conhecimentos podem ser aplicados com êxito.

- Investigação pura e aplicada: baseada em um problema de estudo relativo ao conhecimento científico ou à sua aplicabilidade.

Nesse contexto, Gil (2017) sugere, de forma mais sintética, que formular um problema de pesquisa consiste em apresentar, de maneira explícita, clara, compreensível e operacional, a questão que se pretende solucionar. Ao mesmo tempo, é preciso apresentar as características da questão e limitar o campo, permitindo que o problema de pesquisa se torne individualizado, específico, inconfundível. Tudo isso auxilia tanto na definição quanto na confirmação do tema de pesquisa escolhido ao início do trabalho.

 **Fique atento**

Não é incomum que, ao desenvolver o problema de pesquisa, o pesquisador descubra que o tema inicialmente escolhido não é o que esperava ou imaginava. Isso indica que, antes de determinar de forma definitiva o tema, é mais adequado desenvolver o problema de pesquisa.

A relação entre tema e problema de pesquisa é bastante estreita, tanto que é difícil precisar qual precede qual: o tema leva ao problema, mas o problema também leva ao tema. Por meio do problema de pesquisa, você pode, por exemplo, ratificar ou retificar o tema inicialmente escolhido, uma vez que a definição do problema permite mergulhar no tema de tal forma que é possível estabelecer e/ou reforçar o foco desejado para a pesquisa.

Assim, você parte de um assunto abrangente, que é o tema, e mergulha nele por meio de um questionamento mais específico, dotado de clareza e objetividade, que é o problema. Isso permite que você estabeleça adequadamente o foco que pretende utilizar para a pesquisa, confirmando as suas intenções (ou, se for o caso, percebendo a necessidade de mudar o rumo já no início do trabalho). Afinal, se você vai realizar uma pesquisa sobre determinado assunto, precisa estabelecer uma linha de pensamento para seguir, pois um mesmo tema pode ser conduzido para diferentes direções. Portanto, você deve definir os objetivos dando ao tema uma dimensão viável e instigando a sua curiosidade (e a de quem irá ler a pesquisa) a respeito de determinado assunto (GIL, 2017).

Exemplo

Considere que você deseja pesquisar sobre a participação das mulheres no mercado de trabalho. Você pode dizer que o seu tema de pesquisa é "participação das mulheres no mercado de trabalho". Em um segundo momento, você percebe que a sua curiosidade tem origens em fatos como a constatação de que a quantidade de mulheres em funções gerenciais é menor do que a de homens — situação já apontada por inúmeras pesquisas. Então, você inicia a sua caminhada para estabelecer o problema que a pesquisa pretende tratar, chegando, por exemplo, ao desejo de compreender por que há menos mulheres em funções gerenciais. Você pode tentar responder a este questionamento: que barreiras dificultam a participação das mulheres no mercado de trabalho?

Avançando na definição do problema, você se depara com a necessidade de determinar o universo que será abrangido pelo estudo, pois a indagação anteriormente proposta poderia englobar muitos aspectos, como diferentes setores econômicos, regiões geográficas ou períodos. Assim, você precisa delimitar o seu questionamento, que poderia ser ajustado da seguinte forma: com que barreiras sociais se deparam as mulheres para ascender a funções gerenciais no setor bancário no estado de Minas Gerais na segunda década do século XXI? Esse aprofundamento confirma o seu interesse em pesquisar o tema inicialmente proposto, delimitando-o para deixar o estudo mais focado (GIL, 2017).

Além de todas as considerações e características que você viu até aqui, Gil (2017) ainda chama a atenção para outras etapas relevantes envolvidas na contextualização da pesquisa. É o caso da definição dos objetivos (que você vai estudar mais à frente neste texto), uma vez que o problema também pode ser apresentado sob a forma de objetivos, o que representa um passo importante para a operacionalização da pesquisa e para o esclarecimento acerca dos resultados esperados. Mas antes de ingressar no estudo dos objetivos, você deve se deter um pouco mais no universo do problema de pesquisa. A seguir, você vai ver que há questões que servem de guias para a identificação do problema: são as questões norteadoras.

Identificação do problema a partir de uma questão norteadora

Perceber a existência de um problema a ser resolvido é o primeiro passo para o desenvolvimento de uma pesquisa. Porém, o problema precisa ser trabalhado em profundidade para que seja adequadamente entendido e resolvido. Isso pode ser feito por meio de hipóteses de pesquisa ou questões norteadoras (DE SORDI, 2017).

Hipóteses são soluções possíveis para o problema identificado, respostas elaboradas previamente, afirmações provisórias sobre o fenômeno investigado. As hipóteses são testadas por meio de pesquisa, observações e experiências cujos resultados são analisados. A partir disso, a ideia é chegar a uma conclusão que permitirá confirmar ou refutar a hipótese avaliada. Contudo, nem toda pesquisa demanda a elaboração e a apresentação de hipóteses, o que leva a outra alternativa: as questões norteadoras.

As **questões norteadoras** possuem o propósito objetivo de fragmentar o problema de pesquisa em partes menores. Isso permite ao pesquisador analisar melhor o problema de pesquisa, avaliando-o sob diferentes ângulos. Questões norteadoras são perguntas elaboradas geralmente com base nos propósitos objetivos e nas dúvidas do pesquisador. Elas não servem para antecipar respostas, e sim para direcionar o caráter investigativo da pesquisa. Boas questões norteadoras são significativas, claras e exequíveis.

Desse modo, o problema será uma questão central de estudo e as questões norteadoras serão questionamentos que auxiliam no desenvolvimento da questão central. Ou seja, as questões norteadoras são indagações que complementam o problema de pesquisa, podendo também ser chamadas de questões secundárias.

Exemplo

Quer entender melhor a relação entre o problema e as questões norteadoras? Pense em um problema que relacione classes sociais e doenças mentais. Uma questão central de pesquisa poderia ser esta: a doença mental está relacionada à classe social a que o paciente pertence? Essa seria a questão principal da pesquisa, ou seja, o problema de pesquisa em si.

A partir dessa questão central, é possível elaborar mais questões para o desenvolvimento da pesquisa, visando a aumentar e diversificar o olhar sobre o tema. Considere, por exemplo, as questões a seguir (FLICK, 2012).

> ▨ As doenças mentais possuem uma posição individual na estrutura de classes?
> ▨ Os tipos de transtornos psiquiátricos estão significativamente conectados às classes sociais?
> ▨ Os tipos de tratamentos psiquiátricos estão relacionados à posição do paciente na estrutura de classe social?
> ▨ O acesso a tratamentos eficazes está ligado diretamente à posição dos pacientes na estrutura de classe social?
>
> Todos os questionamentos são voltados a complementar o problema principal de estudo. Ou seja, todas as indagações construídas são questões norteadoras. Ao longo de todo o projeto de pesquisa, essas questões vão ser analisadas e discutidas para responder ao principal questionamento, que é o problema de pesquisa.

Azevedo (2013) destaca que o mais importante da pesquisa é definir com exatidão o que você quer saber. Contudo, isso nem sempre é possível, pois a tendência quase natural muitas vezes é divagar nos pensamentos e não ser objetivo e preciso na hora da formulação dos questionamentos. Para demonstrar tal situação, o autor usa como exemplo este questionamento: por que os peixes não respiram fora da água?

Normalmente, quando você faz algum questionamento, utiliza a expressão "por quê?". Tal expressão não é errônea, mas ela pode gerar muitas respostas, dando origem a muitos outros questionamentos. Para que isso não aconteça, é necessário fazer uma restrição no questionamento. E como fazer tal restrição? Uma das possibilidades é trocar o "por quê?" por alguma expressão que gere uma resposta mais específica. A ideia é alterar não apenas as palavras, e sim o foco que se deseja na pesquisa. A pergunta deve se apresentar de outra forma, mais direcionada.

Isso demonstra a necessidade do detalhamento da descrição do problema, para ele não ficar muito amplo, de difícil pesquisa. No caso do exemplo, o questionamento poderia ser apresentado da seguinte forma: qual fator fisiológico impede os peixes de respirarem fora da água? Com isso, você constrói tanto a questão-problema quanto as questões norteadoras de maneira a se completarem, tornando essa parte do trabalho mais construtiva e proveitosa para a pesquisa.

Nesse exemplo, o ajuste no questionamento indica melhor o foco pretendido. Outra alternativa seria o autor apresentar, na contextualização, informações como estas: "Sabe-se que inúmeros são os fatores que impedem o peixe de respirar fora da água. Entre eles, há até mesmo fatores de ordem psicológica (o que, apesar de ainda ser de difícil comprovação, já é apontado por estudos sobre o assunto), mas sem dúvida o fator fisiológico é o mais reconhecido e mais facilmente compreendido". Desse modo, desenvolver o conhecimento sobre como construir perguntas de maneira clara, precisa e com delimitações em dimensões viáveis, que não envolvam qualquer julgamento de valor e que possam ter uma resposta plausível, é fundamental para o desenvolvimento da pesquisa.

A utilização de questões norteadoras expressa uma concepção metodológica do pesquisador. Desse modo, ele demonstra a linha de pensamento da pesquisa, considerando o direcionamento que as questões norteadoras permitem dar ao estudo. Além disso, normalmente os pesquisadores não trabalham com hipóteses e questões norteadoras em uma mesma pesquisa: hipóteses podem ser utilizadas em pesquisas de caráter quantitativo e qualitativo, enquanto questões norteadoras são utilizadas apenas em pesquisas qualitativas (DE SORDI, 2017). Independentemente de sua escolha (hipóteses ou questões norteadoras), o que você precisa ter em mente é o objetivo de sua pesquisa e as justificativas nas quais ela está alicerçada, como você vai ver na seção a seguir.

Fique atento

Em ciência, encontrar a formulação certa de um problema é, muitas vezes, a chave para a solução.

Objetivos e justificativa da pesquisa

Depois de delimitar o tema e indicar o problema de pesquisa, você deve apresentar seus objetivos e a justificativa para o desenvolvimento do estudo proposto. Esse é um momento fundamental, no qual você vai demonstrar que a sua ideia é coerente com a pesquisa proposta. Segundo Gil (2017), os objetivos são uma forma de apresentar o problema de pesquisa que permite esclarecer os resultados esperados com o estudo. Isso corresponde a um importante passo para a operacionalização da pesquisa. Para que a definição dos objetivos seja possível, é preciso elaborar o problema de forma adequada. Em síntese, o problema deve ser claro e preciso, suscetível de solução e delimitado a uma dimensão viável.

Fique atento

Os objetivos precisam ser suficientemente claros e precisos. Por isso, é indicado que sejam iniciados com verbos que não possibilitem muitas interpretações distintas. Assim, você deve:
- utilizar verbos como "identificar", "verificar", "descrever" e "comparar";
- evitar verbos como "pesquisar", "entender" e "conhecer".

Martins *et al.* (2016) indicam que, após a escolha do tema e de sua transformação em uma pergunta, é preciso formular o objetivo da pesquisa. Para isso, deve haver um objetivo geral que indique uma resposta à pergunta, ou seja, que indique o que se pretende apresentar com a pesquisa. É o próprio problema de pesquisa descrito de maneira diferente, ou seja, com um verbo que expresse ação no modo infinitivo. A leitura e a redação deverão seguir de maneira rigorosa o problema proposto pela pesquisa.

Exemplo

Considere o problema de pesquisa proposto no início deste capítulo: com que barreiras sociais se deparam as mulheres para ascender a funções gerenciais no setor bancário no estado de Minas Gerais na segunda década do século XXI?

Esse questionamento guia a definição do objetivo da pesquisa. O objetivo é formulado por meio da transformação da questão em uma ação. Nesse caso, o objetivo seria: identificar que barreiras sociais impedem a ascensão de mulheres a funções gerenciais no setor bancário no estado de Minas Gerais na segunda década do século XXI (GIL, 2017).

Lakatos e Marconi (2005) sinalizam que os objetivos podem ainda ser classificados em: geral e específico. O **objetivo geral** é aquele que elenca uma visão global e abrangente do tema de pesquisa. Já o **objetivo específico** tem a função de aprofundar o tema, auxiliando no alcance do objetivo geral. Essa relação existente entre os objetivos geral e específico demonstra o quão complexa e rica é a tarefa de definir tais elementos.

O objetivo geral, também chamado de objetivo principal, apresenta o foco da pesquisa. Assim, é o elemento que precisa ser mais "concreto" na pesquisa, pois é a partir dele que todo o trabalho será elaborado. Com base no foco estabelecido pelo objetivo geral, são desenvolvidos os objetivos específicos, também denominados objetivos secundários, que representam aquilo que precisa ser feito para que o objetivo principal seja atingido.

Martins *et al.* (2016) definem o objetivo geral como uma resposta ao problema de pesquisa, ou seja, ao objeto de investigação do estudo. Por sua vez, os objetivos específicos são etapas intermediárias que precisam ser percorridas para que se possa chegar ao objetivo geral; por isso, derivam dele. Partindo dessa concepção, os autores sugerem que a construção dos objetivos siga os passos a seguir.

- Leitura da questão-problema, de modo que o objetivo geral será a resposta ao problema formulado. Os objetivos específicos serão as subdivisões do objetivo geral em outros menores, como se fossem um passo a passo para alcançá-lo.
- Escolha de verbos de ação no infinitivo e adequados ao que se pretende. Por exemplo, "distinguir", "enumerar", "relacionar", "derivar", "descrever", "diferenciar", "analisar", etc.

Exemplo

Considere este objetivo geral: analisar o alcance das redes sociais no comportamento dos jovens. Dele podem derivar os seguintes objetivos específicos:
- identificar as redes sociais mais utilizadas;
- verificar como as propagandas digitais influenciam a vontade dos jovens;
- analisar como marcas organizam as estratégias de comunicação para esse público.

Após elaborar os objetivos, você deve justificar a realização do estudo. Para isso, é preciso criar a **justificativa da pesquisa**. Na visão de Lakatos e Marconi (2005), a justificativa é o único tópico do projeto de pesquisa que deve responder à expressão "por quê?". A **justificativa** é um elemento de grande importância, aquele que geralmente mais contribui para a aceitação da pesquisa no meio acadêmico e científico. Ela deve consistir em uma exposição resumida, porém completa, com razões de ordem teórica e motivos de ordem prática que demonstrem a devida importância da realização da pesquisa. Assim, deve enfatizar os elementos listados a seguir.

- ▨ O estágio em que se encontra a teoria sobre o tema.
- ▨ As contribuições teóricas que a pesquisa vai trazer:
  - ▪ confirmação geral;
  - ▪ confirmação na sociedade particular em que se insere a pesquisa;
  - ▪ especificação para casos particulares;
  - ▪ resolução de pontos que possam ser nebulosos.
- ▨ Importância do tema do ponto de vista geral.
- ▨ Importância do tema para os casos particulares em questão.
- ▨ Possibilidade de sugerir modificações no âmbito da realidade abarcada pelo tema proposto.
- ▨ Descoberta de soluções para casos gerais e/ou particulares.

Lakatos e Marconi (2005) ainda alertam para o fato de que a justificativa deve ser diferente da revisão bibliográfica. Consequentemente, ela não deve apresentar citações de autores. A justificativa também é diferente da base teórica, que serve para unificar o concreto da pesquisa e o conhecimento teórico da ciência na qual ela se insere. A justificativa deve, portanto, analisar as razões de ordem teórica ao mesmo tempo em que ressalta a importância da pesquisa para a sua área. Para isso, o autor da pesquisa precisa ter criatividade e capacidade de convencimento em seus argumentos.

Exemplo

Considere novamente uma possível pesquisa sobre a relação entre classes sociais e doenças mentais. Tal pesquisa teria o seguinte problema: a doença mental está relacionada à classe social a que o paciente pertence? Nesse caso, a justificativa poderia explicitar que o propósito do trabalho é indicar os transtornos psíquicos encontrados nas diferentes classes sociais. Tal estudo se justificaria porque poderia gerar conhecimento sobre os públicos pesquisados, contribuindo para o bem-estar das pessoas com problemas psíquicos, independentemente do nível social em que elas se encontram (FLICK, 2012).

Note que tanto o objetivo quanto a justificativa estão direcionados para o atendimento do tema, do problema e das questões norteadoras. Ou seja, a cada etapa da pesquisa, os tópicos vão se complementando de maneira a tornar o estudo mais rico e capaz de trazer valor para a sociedade ou a um público em particular. A ideia é que a pesquisa seja de fato útil para alguém. Além disso, ela deve despertar interesse de pesquisadores para o desenvolvimento de novas pesquisas, novos questionamentos e novos conhecimentos, retroalimentando os estudos.

Aplicação prática

Para entender melhor o conteúdo que você estudou até aqui, veja, a seguir, a construção de cada um dos elementos em sequência e elaborados com base em um mesmo contexto. Você vai ver como eles se constituem e também como se conectam.

Contextualização

Com a grande variação da economia, as organizações, principalmente as de micro e pequeno porte, enfrentam significativas dificuldades no que tange à sua gestão. Tais dificuldades vão desde uma simples decisão de rotina, passando pela definição de estratégias organizacionais e chegando à escolha de uma ferramenta ou processo para o desenvolvimento de suas atividades. Em algumas dessas empresas, a Gestão da Qualidade Total (GQT) tem contribuído para a tomada de decisão mais adequada. Em outras, no entanto, o desconhecimento sobre os fundamentos da GQT, a falta de recursos para a sua implementação, a carência de interesse de colaboradores e mesmo a falta de verba para investimentos acabam sendo obstáculos para a utilização dessa ferramenta e, consequentemente, para o alcance de resultados satisfatórios de desenvolvimento organizacional.

Tema

Esse contexto talvez direcionasse, num primeiro momento, para o desenvolvimento de um tema como este: as dificuldades de implementação da GQT pelas micro e pequenas empresas (MPEs). No entanto, como esse tema não apresenta claramente o que o pesquisador deseja, existem várias possibilidades de focos/temas a serem desenvolvidos. Considere, por exemplo, os listados a seguir.

- Aspectos que influenciam o desenvolvimento organizacional de MPEs (o que é muito abrangente).
- A influência do nível de conhecimento dos fundamentos da GQT no desenvolvimento organizacional de MPEs (o que não seria adequado,

pois não está claro, no contexto apresentado, de quem é a falta de conhecimento).

Ou seja, o contexto apresentado precisa ser mais focado, apontando mais claramente o propósito de seu autor, evitando que a descrição seja muito abrangente, generalista ou subjetiva (considere, por exemplo, o trecho que fala sobre "resultados satisfatórios de desenvolvimento organizacional").

Para colaborar com o estabelecimento de foco na contextualização, o autor poderia complementá-la com considerações do tipo: "Pode-se inferir que para as pequenas empresas do Ceará não seja diferente, uma vez que o empresário cearense não tem o hábito de fazer a gestão, pois seu foco está na produção, tornando a gestão deficiente (GESTÃO..., 2015, documento *on-line*)".

Problema

Com a inclusão da nova frase, há um maior foco de "objeto" (pequenas empresas do Ceará). Mas ainda é preciso indicar qual é a grande preocupação apresentada no problema, fechando a descrição com a indicação de que se deseja buscar uma solução. Isso pode ser feito tomando como base a parte final da complementação sugerida, em que o autor conclui com "tornando a gestão deficiente".

Diante desse contexto, pode-se chegar à seguinte indagação, que vai nortear a definição e o desenvolvimento do tema: que elementos da GQT podem contribuir com facilidade para a melhoria da gestão de pequenas empresas do Ceará? A partir dessa indagação, pode-se definir o seguinte tema da pesquisa: elementos da GQT que contribuem com facilidade para a melhoria da gestão de pequenas empresas do Ceará.

No caso, o local Ceará já faz parte do tema, pois já foi focado na descrição do problema. Se o fundamento tivesse sido geral para pequenas empresas, sem especificar o Ceará, o tema seria mais abrangente, pois consistiria em: elementos da GQT que contribuem com facilidade para a melhoria da gestão de pequenas empresas. Nesse caso, o detalhamento do "objeto" de pesquisa poderia aparecer apenas na definição do sujeito da pesquisa.

Objetivos

A partir do fechamento do problema e da definição da questão de pesquisa, é possível transformá-la numa ação que se constituirá no objetivo principal do estudo. Considere este objetivo geral: identificar que elementos da GQT podem contribuir com facilidade para a melhoria da gestão de pequenas empresas do Ceará.

Agora, você pode pensar no que é preciso fazer para que o objetivo central seja atingido. Para isso, é possível buscar auxílio no que foi descrito no problema, formando os objetivos secundários. Veja os objetivos específicos:

- levantar o nível de conhecimento e de comprometimento desses empresários e de seus colaboradores para a implementação de elementos da GQT.
- identificar as possibilidades de investimento de que as empresas dispõem para a implementação de elementos da GQT.
- identificar as principais dificuldades encontradas pelos pequenos empresários para a implementação de elementos da GQT.

Perceba que essas ações não foram criadas do nada, mas faziam parte da descrição do problema, bastando observar com atenção. É importante você perceber também que, se essas ações forem realizadas, ao final será possível identificar que elementos da GQT podem contribuir com facilidade para a melhoria da gestão de pequenas empresas do Ceará. Essa é a demonstração de que os objetivos secundários levam ao alcance do objetivo principal.

Justificativa

Agora é chegado um momento importante: é preciso demonstrar a relevância do desenvolvimento da pesquisa, apresentando a sua fundamentação e o detalhamento de suas etapas, bem como os benefícios que ela poderá acarretar. No caso do exemplo, a justificativa poderia ser a apresentada a seguir.

A presente pesquisa se justifica no cenário apresentado em função da necessidade de aprimoramento da GQT junto às MPEs no estado do Ceará, já que a sua carência impacta o desenvolvimento das organizações, causando deficiências em sua gestão. O desenvolvimento de tal aspecto poderá acarretar a melhoria da gestão das empresas citadas, gerando melhorias nos setores empresariais em que as organizações estão inseridas. Por consequência, poderá levar ao aquecimento econômico e ao aprimoramento social da região, tendo em vista que os produtos e serviços que serão gerados pela empresa possuirão melhor qualidade, promovendo maior satisfação de clientes e colaboradores da empresa e trazendo benefícios à sociedade em geral.

Fique atento

Como você pode notar, cada um dos elementos é muito importante e eles se conectam entre si. Um leva ao outro, estabelecendo um desencadeamento. Tudo isso tem início na apresentação adequada do contexto. Assim, é importante definir o problema deixando a sua descrição final, que é o questionamento, para um momento seguinte. Ou seja, fique atento ao fato de que o problema não é "apenas" o questionamento, e sim parte da contextualização da pesquisa, que é formada pelo conjunto dos elementos apresentados.

Referências

AZEVEDO, C. B. *Metodologia científica ao alcance de todos*. 3. ed. São Paulo: Manole, 2013.

DE SORDI, J. O. *Desenvolvimento de projeto de pesquisa*. São Paulo: Saraiva, 2017.

FLICK, U. *Introdução à metodologia da pesquisa:* um guia para iniciantes. Porto Alegre: Penso, 2012.

GESTÃO é a maior dificuldade das pequenas empresas. *In:* DIÁRIO do nordeste, abr. 2015. Disponível em: https://diariodonordeste.verdesmares.com.br/editorias/nego-cios/gestao-e-a-maior-dificuldade-das-pequenas-empresas-1.1271432. Acesso em: 18 abr. 2019.

GIL, A. C. *Como elaborar projetos de pesquisa*. 6. ed. São Paulo: Atlas, 2017.

LAKATOS, E. M.; MARCONI, M. de A. *Metodologia do trabalho científico:* projetos de pesquisa / pesquisa bibliográfica/ teses de doutorado, dissertações de mestrado, trabalhos de conclusão de curso. 8. ed. São Paulo: Atlas, 2017.

LAKATOS, E. M.; MARCONI, M. de A. *Fundamentos de metodologia científica*. 6. ed. São Paulo: Atlas, 2005.

MAFFEI, F. H. de A. *et al. Doenças vasculares periféricas*. 5. ed. Rio de Janeiro: Guanabara Koogan, 2016. v. 1-2.

MARTINS, V. *et al. Metodologia científica*: fundamentos, métodos e técnicas. Rio de Janeiro: Freitas Bastos, 2016.

Hipóteses de pesquisa

Introdução

Após as primeiras definições de uma pesquisa, que incluem a escolha do tema, o desenvolvimento do problema e a elaboração dos objetivos (geral e específicos) e da justificativa, é chegada a hora de oferecer alguma solução aceitável ao problema proposto, que será comprovada ou refutada com a realização do estudo. Essa demanda é atendida por meio da construção da chamada hipótese de pesquisa, que, além de propor uma solução para o problema em estudo, ainda permite identificar os fatores envolvidos nele, ou seja, as variáveis de pesquisa.

Neste capítulo, você vai estudar as hipóteses de pesquisa, verificando no que consistem e como podem ser desenvolvidas. Além disso, você vai ver como identificar as variáveis envolvidas na hipótese testada por meio da pesquisa.

Definição da hipótese de pesquisa

Uma hipótese é uma suposição ou explicação provisória sobre um problema apresentado. Em sua forma mais simplista, ela consiste em uma expressão verbal que pode ser definida como verdadeira ou falsa. As hipóteses devem ser submetidas a testes e, se forem reconhecidas como verdadeiras, passam a ser aceitas como respostas ao problema proposto. Ou seja: a hipótese é a proposição de uma resposta suposta, provável e provisória a um problema cientificamente válido.

Desse modo, hipóteses consistem em tentativas de responder ao problema de pesquisa. Elas se constituem como preposições antecipadoras ao levantamento da realidade que o pesquisador pretende demonstrar com seu estudo. Contudo, mesmo que problema e hipótese sejam enunciados que mantêm uma relação com as variáveis, os fatos e os fenômenos estudados, é importante identificar a diferença entre ambos. Tal diferença é a seguinte: o problema se constitui de uma sentença interrogativa, enquanto a hipótese é uma sentença afirmativa mais detalhada (BARROS; LEHFELD, 2000; GIL, 2017; MARCONI; LAKATOS, 2005).

Exemplo

Considere o seguinte problema: que fatores contribuem para o consumo de cerveja por estudantes universitários? Diversas respostas poderiam ser obtidas, gerando afirmações como:

- estudantes ansiosos tendem a consumir mais cerveja;
- estudantes do sexo masculino são mais propensos ao consumo de cerveja;
- a existência de bares próximos a instituições de ensino é um fator que estimula o consumo de cerveja;
- estudantes de cursos noturnos tendem a consumir mais cerveja do que os dos cursos matutinos.

Tais afirmações podem ser verdadeiras ou falsas. Elas devem ser verificadas mediante procedimentos específicos. Desse modo, as afirmações podem ser consideradas hipóteses, tendo em vista que são supostas respostas ao problema proposto (GIL, 2017).

Observe o Quadro 1, a seguir. Nele, há definições de hipótese de pesquisa elaboradas por diferentes autores. Tais definições, além de oferecerem subsídio para inúmeras considerações, ainda demonstram que a hipótese de pesquisa é um elemento considerado no contexto da pesquisa científica há bastante tempo. Isso ratifica sua relevância e solidifica tais conceitos, que servem como base para diversas pesquisas.

Quadro 1. Definições de hipótese de pesquisa

Autor	Definição
Pardinais (1969, p. 132)	"Hipótese é uma proposição enunciada para responder a um problema."
Boudon e Lazarsfeld (1979, p. 48)	"A hipótese de trabalho é a resposta hipotética a um problema para cuja solução se realiza toda investigação."
Rudio (1978, p. 97)	"Chama-se de enunciado de hipótese a fase do método de pesquisa que vem depois da formulação do problema. Sob certo aspecto, podemos afirmar que toda a pesquisa científica consiste apenas em enunciar e verificar hipóteses; estas são suposições que se fazem na tentativa de explicar o que se desconhece. Esta suposição tem por característica o fato de ser provisória, devendo, portanto, ser testada para se verificar sua validade."
Trujillo (1974, p. 132)	"A hipótese é uma proposição antecipadora à comprovação de uma realidade existencial. É uma espécie de pressuposição que antecede a constatação dos fatos. Por isso se diz também que as hipóteses de trabalho são formulações provisórias do que se procura conhecer e, em consequência, são supostas respostas para o problema ou assunto da pesquisa."
Ander-Egg (1978, p. 20)	"A hipótese é uma tentativa de explicação mediante uma suposição ou conjetura verossímil, destinada a ser provada pela comprovação dos fatos."
Schrader (1974, p. 47)	"Hipóteses são exteriorizações conjeturais sobre as relações entre dois fenômenos. Representam os verdadeiros fatores produtivos da pesquisa, com os quais podemos desencadear o processo científico. É válido o princípio de que uma investigação não pode produzir nada mais do que aquilo que as hipóteses anteriormente formuladas já afirmavam."
Galtung (1973, p. 371)	"Hipóteses são o conjunto de variáveis inter-relacionadas."

(Continua)

(Continuação)

Quadro 1. Definições de hipótese de pesquisa

Autor	Definição
Kerlinger (1980, p. 38)	"Uma hipótese é um enunciado conjetural das relações entre duas ou mais variáveis. Hipóteses são sentenças declarativas e relacionam de alguma forma variáveis a variáveis. São enunciados de relações e, como os problemas, devem implicar a testagem das relações enunciadas."
Selltiz *et al.* (1965, p. 48)	"Uma hipótese é uma proposição, condição ou princípio, que é aceito (provisoriamente) para obter suas consequências lógicas e, por intermédio de um método, comprovar seu acordo com os fatos conhecidos ou com aqueles que poder ser determinados."
Goode e Hatt (1967, 1969)	"Os vários fatos em uma teoria podem ser logicamente analisados e outras relações podem ser deduzidas além daquelas estabelecidas na teoria. Neste ponto não se sabe se essas deduções são corretas. A formulação da dedução, contudo, constitui a hipótese; se verificada, torna-se parte de uma construção teórica futura."

Fonte: Adaptado de Marconi e Lakatos (2000).

Algumas das definições de hipótese apresentadas no Quadro 1 demonstram uma característica básica desse elemento da pesquisa: a hipótese é uma resposta suposta, provável e provisória ao problema. Isso deixa claro que, no desenvolvimento de uma pesquisa, primeiro é necessária a formulação do problema para que depois possa ser criada a hipótese de pesquisa, conforme apontam Marconi e Lakatos (2000).

Tomando como base as características da hipótese de pesquisa apresentadas no Quadro 1, algumas convergências podem ser identificadas. Uma delas é o fato de que a hipótese está inter-relacionada com fatos e fenômenos, o que explica a necessidade de relacionamento e ordenamento dentro da pesquisa. Outra é a limitação do campo da hipótese pelo próprio âmbito do que ela afirma. Ou seja, a hipótese delimita a área de observação e de experimentação com a finalidade de identificar o ordenamento entre os fatos. Além disso, as hipóteses se baseiam em variáveis e nas relações entre duas ou mais variações. Por um lado, sua comprovação pode depender dos fatos (fenômenos ou variáveis) que serão determinados (verificados, analisados ou, até mesmo, desconhecidos). Por outro, tais fatos poderão já ser conhecidos e baseados em teorias existentes.

Essas noções conduzem à verificação da existência de dois tipos de hipóteses: a explicativa e a preditiva. A **hipótese explicativa** é formulada sempre *post-factum*, aparecendo como resultado das generalizações gradativas de proposições existentes na teoria de níveis inferiores. Já a **hipótese preditiva** é formulada *ante-factum*, ou seja, precede a observação empírica na teoria de nível superior, por meio de pesquisas já existentes (MARCONI; LAKATOS, 2000).

Por meio de suas características e funções, as hipóteses cumprem importante papel no contexto da pesquisa científica, desempenhando sua finalidade maior no processo de investigação científica. Tal finalidade está relacionada à capacidade de, mediante teste adequado, proporcionar a obtenção de respostas aos problemas propostos pelo estudo. Por isso, embora possam ser consideradas afirmações que muitas vezes derivam do senso comum, as hipóteses são muito mais do que simples suposições ou palpites, pois conduzem à verificação empírica da questão que o estudo se propõe a testar (GIL, 2017).

Agora que você já viu algumas considerações relativas à definição das hipóteses, à sua importância e aos seus impactos sobre a pesquisa, você precisa se familiarizar com o desenvolvimento de hipóteses. A seguir, você vai ver como desenvolver hipóteses para que elas sirvam adequadamente aos propósitos da pesquisa científica.

Desenvolvimento da hipótese de pesquisa

O desenvolvimento de hipóteses é um procedimento largamente utilizado no contexto da pesquisa científica e que requer a criatividade do pesquisador. Esse procedimento, embora não possua regras rígidas, costuma utilizar algumas fontes básicas de informação, que são levadas em consideração no momento da elaboração das hipóteses. Por exemplo: observação, resultados de outras pesquisas, teorias e intuição. Você vai conhecer melhor cada uma delas a seguir (GIL, 2017; MARCONI; LAKATOS, 2005).

A **observação** é o procedimento básico e fundamental no momento do desenvolvimento de uma hipótese, uma vez que permite verificar na prática as relações entre os fatos em seu cotidiano, fornecendo os subsídios para a solução de problemas propostos pela ciência. O desenvolvimento de hipóteses a partir de observações tem a função de comprovar (ou não) as relações percebidas nas próprias observações, sendo que alguns estudos trabalham exclusivamente com hipóteses originárias de observações. Contudo, hipóteses desse tipo possuem pouca probabilidade de conduzir a um conhecimento suficientemente geral e explicativo.

Resultados de outras pesquisas permitem que hipóteses sejam desenvolvidas a partir de investigações conduzidas por outros estudos, geralmente levando a conhecimentos mais amplos do que aqueles decorrentes da simples observação. Hipóteses desse tipo se baseiam nas averiguações de outro estudo que prevalecem no estudo presente, fazendo com que seus resultados tenham um significativo grau de confiabilidade. Afinal, quando uma hipótese se baseia em estudos anteriores, e caso o estudo no qual está inserida se confirme, o resultado auxilia na demonstração de que a relação se repete regularmente.

Hipóteses derivadas de **teorias** são as mais interessantes, no sentido de que proporcionam ligação clara com o conjunto mais amplo do conhecimento das ciências. Porém, isso nem sempre é possível. Em muitos campos da ciência, as teorias desenvolvidas não são suficientemente esclarecedoras da realidade. Por outro lado, hipóteses desenvolvidas a partir de teorias podem apresentar uma proposição afirmativa, tendo em vista uma sucessão de eventos (fatos e fenômenos) ou a correlação entre eles em determinado contexto.

Já as hipóteses desenvolvidas a partir da **intuição** foram registradas em vários momentos da história humana e conduziram a grandes e importantes descobertas. Porém, tendo em vista a natureza da intuição, não é possível identificar com clareza as razões que podem determinar as hipóteses, o que dificulta avaliar a sua qualidade. Além disso, a intuição é derivada da experiência pessoal, o que faz com que cada indivíduo reaja de maneira particular a certos fatos, levando em consideração a cultura em que vive e a ciência que conhece.

 **Exemplo**

Darwin, em sua obra *A origem das espécies*, levantou a hipótese de que os seres vivos não eram imutáveis, mas que haviam se modificado. Para tanto, além de contar com as suas observações pessoais, Darwin reuniu vários fatos que eram conhecidos em sua época dando-lhes uma interpretação pessoal, da qual se originou a sua hipótese.

A partir da definição de hipóteses, o pesquisador especifica melhor o tema e os objetivos de sua pesquisa, assim como as variáveis observadas no estudo, já que hipóteses normalmente resultam da relação entre duas ou mais variáveis. Como você pode notar, as hipóteses desempenham um papel relevante no cenário dos estudos científicos. Desse modo, a elaboração e a utilização de hipóteses na realização de uma pesquisa podem ser justificadas pelo fato de que as hipóteses têm o propósito de orientar o pesquisador na coleta e na análise de dados (BARROS; LEHFELD, 2000).

Desse modo, o desenvolvimento e a utilização de hipóteses em pesquisas permitem ao pesquisador moldar e focar seu objeto de estudo, uma vez que possibilitam investigar as relações existentes entre as variáveis integrantes do fenômeno que o pesquisador se propôs a conhecer. Por meio das hipóteses, o pesquisador faz previsões sobre as relações esperadas entre as variáveis, estimando, numericamente, os valores da população estudada, com base em dados coletados de amostras. Nesse contexto, o pesquisador adota procedimentos estatísticos para fazer inferências sobre a população com base no estudo de uma amostra (CRESWELL, 2010).

Fique atento

Uma **população** é o conjunto total de elementos que se pretende estudar e a respeito do qual se pretende concluir algo. Contudo, muitas vezes é difícil ou até impossível analisar todo o conjunto, por isso se estabelece uma fração para representá-lo, que corresponde à amostra. Desse modo, estuda-se uma parte do conjunto e, a partir dele, tiram-se conclusões que são aplicadas ao todo.

Contudo, para que a hipótese possa servir de fato ao seu propósito, é necessário tomar alguns cuidados em sua elaboração. Há atributos básicos que a hipótese necessita possuir, como ser simples, clara, compreensível e passível de verificação. Além disso, é necessário que sua elaboração possua lastro em um referencial empírico, ou seja, conceitos devem ser observados, verificados e registrados a partir da realidade empírica. Caso o pesquisador não tome tais cuidados no desenvolvimento de suas hipóteses, corre o sério risco de comprometer os resultados de seu estudo. Afinal, se as hipóteses forem inadequadas, os resultados não serão satisfatórios (BARROS; LEHFELD, 2000).

Ainda que haja várias maneiras de formular hipóteses, partindo da consideração de que estas se baseiam fundamentalmente na relação existente entre duas ou mais variáveis, uma sugestão básica e usual para a elaboração de uma hipótese é a seguinte: considerando X e Y como duas variáveis que se relacionam, elabora-se uma hipótese considerando que "se X..., então Y..." (MARCONI; LAKATOS, 2005).

Outro aspecto importante no momento de formular uma hipótese diz respeito à necessidade de atentar para certos princípios e critérios. A ideia é que a hipótese seja:

- plausível — deve indicar uma situação possível de ser admitida cientificamente;
- consistente — em seu enunciado, não deve entrar em contradição com conhecimentos científicos mais amplos, assim como não deve existir contradição interna no enunciado;
- específica — deve se restringir a variáveis e componentes fundamentais ao problema de pesquisa;
- verificável — deve ser passível de verificação por meio de processos científicos aceitáveis, atualmente empregados;
- clara e simples — deve ser perfeitamente compreensível e sua formulação deve evitar termos ambíguos, prolixos e/ou confusos;
- explicativa — deve estar perfeitamente articulada com o problema de pesquisa, ou seja, servir como explicação a ele.

Além de considerar recomendações e possibilidades de como desenvolver uma hipótese, você deve compreender os diferentes fatores que podem influenciá-lo no momento de criar a sua hipótese de pesquisa. Nesse sentido, é recomendável que você verifique os mais diversos pontos que poderão lhe auxiliar na construção de sua hipótese, pois assim terá um embasamento consistente em sua pesquisa. Para tanto, outro elemento importante no contexto das hipóteses são as variáveis de pesquisa, que darão apoio e sustentação ao desenvolvimento de seu estudo.

Identificação das variáveis de pesquisa

Além de compreender como funciona a definição e o desenvolvimento de hipóteses, você deve considerar que dentro da pesquisa ainda existe o que se chama de **variável**. A variável pode ser definida como uma classificação ou medida; uma quantidade que varia; um conceito operacional que contém ou apresenta valores, aspectos, propriedade ou fator, que é discernível em um objeto de estudo e passível de mensuração. Tais valores são adicionados ao conceito operacional para transformá-lo em uma variável, que pode ser uma quantidade, uma qualidade, uma característica, uma magnitude, um traço, etc. As variáveis se alteram em cada caso particular e são totalmente abrangentes e mutuamente exclusivas.

Contudo, para fins de pesquisa, a definição mais apropriada é esta: uma variável é qualquer coisa capaz de ser classificada em duas ou mais categorias. Você pode ainda considerar que variáveis são elementos ou características que variam em determinado fenômeno, podendo ser observadas, registradas e mensuradas. Em outras palavras, são aspectos observáveis de um fenômeno, que podem apresentar variações, mudanças e diferentes valores em um dado fenômeno e entre fenômenos (BARROS; LEHFELD, 2000; GIL, 2017; MARCONI; LAKATOS, 2005).

Fique atento

De forma genérica, uma variável é tudo aquilo que pode assumir diferentes valores numéricos, como temperatura, idade, renda familiar e número de filhos de um casal. No contexto da pesquisa, a variável é qualquer coisa capaz de ser classificada em duas ou mais categorias e que pode ser observada, registrada e mensurada, como sexo (masculino e feminino) e classe social (alta, média e baixa).

No universo da ciência, as variáveis podem integrar três níveis diferentes, que são detalhados a seguir e demonstrados na Figura 1 (MARCONI; LAKATOS, 2005).

▨ Primeiro nível: observações dos fatos, fenômenos, comportamentos e atividades reais.
▨ Segundo nível: hipóteses.
▨ Terceiro nível: teorias, hipóteses válidas e sustentáveis.

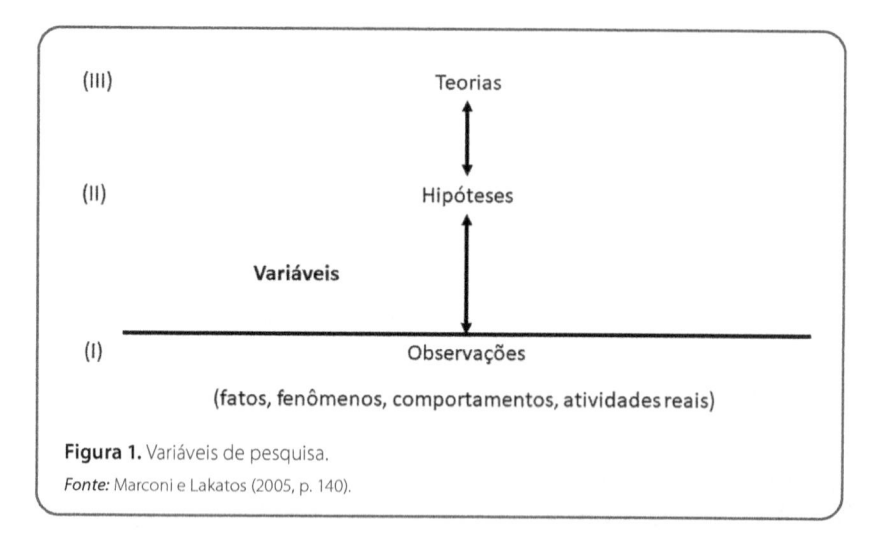

Figura 1. Variáveis de pesquisa.
Fonte: Marconi e Lakatos (2005, p. 140).

Na pesquisa, parte-se de um problema, que é a indagação que se pretende elucidar por meio do estudo. Para isso, elabora-se uma hipótese, que consiste em uma solução provável para o problema, permitindo respondê-lo provisoriamente. A hipótese é então testada por meio da pesquisa, para que se possa confirmá-la ou refutá-la. Para tanto, é necessário observar as variáveis envolvidas na hipótese.

Veja a seguir alguns exemplos de hipóteses e variáveis.

▨ Hipótese: países economicamente desenvolvidos apresentam baixos níveis de analfabetismo.
  ▪ Variáveis: desenvolvimento econômico e analfabetismo.
▨ Hipótese: o índice de suicídios é maior entre os solteiros do que entre os casados.
  ▪ Variáveis: estado civil e índice de suicídios.

Perceba que, nos exemplos, as hipóteses estão apenas afirmando que existe uma relação entre as variáveis, mas nada informam acerca da possível influência de uma sobre a outra. Contudo, em outros casos, as hipóteses de pesquisa indicam algum tipo de influência entre as variáveis, estabelecendo uma relação de dependência entre elas.

Assim, além de identificar as variáveis, você precisa considerar a existência de uma relação entre elas e a maneira como se comportam. Desse modo, um aspecto relevante no que diz respeito às variáveis é a sua classificação em duas categorias fundamentais ao contexto da pesquisa científica, que são as variáveis independentes e dependentes. Há uma hipótese quando se afirma que as variações de uma variável correspondem às variações de outra (GIL, 2017; MARCONI; LAKATOS, 2005). Veja a seguir.

- **Variável independente (X):** é aquela que influencia, determina ou afeta outra variável. É fator determinante, condição ou causa para determinado resultado, efeito ou consequência. É o fator manipulado (geralmente) pelo investigador, na sua tentativa de assegurar a relação do fator com um fenômeno observado ou a ser descoberto, para ver que influência exerce sobre um possível resultado. Assim, a variável independente pode ser manipulada pelo pesquisador a fim de avaliar os efeitos causados sobre a outra variável, chamada de variável dependente (APPOLINÁRIO, 2011).

- **Variável dependente (Y):** consiste naqueles valores (fenômenos e fatores) a serem explicados ou descobertos em virtude de serem influenciados, determinados ou afetados pela variável independente. É o fator que aparece, desaparece ou varia à medida que o investigador introduz, retira ou modifica a variável independente. Consiste na propriedade ou fator que é efeito, resultado, consequência ou resposta a algo que foi manipulado na variável independente. Ou seja, é o valor que se supõe que depende de outra variável. Nos estudos experimentais, constitui-se nos efeitos estudados. Por exemplo: em uma pesquisa, se deseja estudar a ação da bebida alcoólica sobre o desempenho acadêmico de alunos universitários. A variável "desempenho acadêmico" é a variável dependente (efeito), e a variável "quantidade de bebida alcoólica ingerida" se constitui na variável independente (causa) do estudo (APPOLINÁRIO, 2011).

Exemplo

Veja a hipótese e as variáveis a seguir.

- Hipótese: a classe social da mãe influencia o tempo de amamentação dos filhos.
- Variáveis: classe social e tempo de amamentação, sendo que a classe social é a variável independente (X) e o tempo de amamentação é a variável dependente (Y).

Em síntese, em uma pesquisa, a variável independente é a que antecede a variável dependente, sendo esta segunda uma consequência da primeira (MARCONI; LAKATOS, 2005). Para entender melhor, veja alguns exemplos a seguir.

Se você bater no tendão patelar do joelho dobrado de uma pessoa, a perna dela irá esticar. Veja:

- X = batida dada no tendão patelar do joelho dobrado da pessoa
- Y = o esticar da perna

Os filhos de pais que possuem debilidade mental têm inteligência inferior à dos indivíduos cujos pais não a possuem. Veja:

- X = presença ou ausência de debilidade mental nos pais
- Y = grau de inteligência dos indivíduos

Exemplo

Pode-se encontrar também hipóteses em que há apenas uma variável independente e mais de uma dependente (MARCONI; LAKATOS, 2005). Considere, por exemplo, um indivíduo que se assusta com um barulho forte e inesperado: o seu pulso acelera, ele transpira e as pupilas de seus olhos dilatam. Agora veja as variáveis:
- X = susto com barulho forte e inesperado
- Y = aceleração do pulso (Y1), transpiração (Y2) e dilatação das pupilas (Y3)

O fato é que existem fatores determinantes que atuam no sentido da relação causal entre as variáveis independente (determinante) e dependente (determinada). Nesse contexto, parece se impor pela lógica o critério de suscetibilidade à influência, ou seja, será dependente a variável que for capaz de ser alterada, influenciada ou determinada pela outra, que passa a ser considerada a variável independente ou causal (MARCONI; LAKATOS, 2005).

Exemplo

Considere uma relação entre a idade e o tipo de atitude política: os idosos são mais conservadores do que os jovens. Nesse contexto, a idade seria a variável independente e a atitude política seria a variável dependente. Afinal, só se pode supor que a idade, por algum motivo, seja responsável pela posição ou atitude política, uma vez que ser conservadora não torna a pessoa mais velha, nem o progressismo rejuvenesce o indivíduo.

Você ainda deve notar que a influência entre as variáveis independente e dependente deriva de dois pontos principais. Veja a seguir.

a) Ordem temporal: partindo do raciocino lógico de que o acontecido depois não pode ter influência no que aconteceu antes, a sequência temporal apresenta uma universalidade importante, isto é, a variável anterior no tempo é a independente e a que se segue é a dependente.

b) Fixidez ou alterabilidade das variáveis: algumas variáveis, que são muito utilizadas nas ciências biológicas e sociais, são consideradas fixas ou não sujeitas a influências. Entre elas, estão: sexo, raça, idade, ordem de nascimento e nacionalidade. Há outras variáveis importantes que são relativamente fixas, mas não absolutamente; ou seja, em determinadas ocasiões, podem se tornar algum elemento de reciprocidade, como *status*, religião, classe social, residência no campo ou na cidade.

Saiba mais

As variáveis podem ainda ser classificadas em outras categorias, como:
- variáveis moderadoras e de controle;
- variáveis extrínsecas e componentes;
- variáveis intervenientes e antecedentes.

Para saber mais, consulte Marconi e Lakatos (2005).

Mais do que simplesmente saber que as variáveis existem, você precisa compreendê-las e entender a relação de uma com a outra, bem como os impactos que poderão causar nas suas hipóteses de pesquisa. Note que a definição e o desenvolvimento das hipóteses estão ligados diretamente às variáveis que podem ser aplicadas. Dependendo da relação entre as variáveis, elas podem dar um rumo diferente à sua pesquisa.

Então, quando você for construir a sua hipótese de pesquisa, considere: para que serve a hipótese, como ela deve ser criada e que possíveis relações ela pode ter com os mais diferentes aspectos que poderão variar em seu estudo. Assim, você terá um embasamento coerente para desenvolver os seus estudos e, consequentemente, gerar melhores resultados por meio de seus trabalhos de pesquisa.

Referências

APPOLINÁRIO, F. *Dicionário de metodologia científica: um guia para a produção do conhecimento científico*. 2. ed. São Paulo: Atlas, 2011.

BARROS, A. J. S.; LEHFELD, N. A. S. *Fundamentos de metodologia científica*. 2. ed. São Paulo: Pearson Prentice Hall, 2000.

CRESWELL, J. W. *Projeto de pesquisa*: métodos qualitativo, quantitativo e misto. 3. ed. Porto Alegre: Artmed, 2010.

GIL, A. C. *Como elaborar projetos de pesquisa*. 6. ed. São Paulo: Atlas, 2017.

MARCONI, M. A.; LAKATOS, E. M. *Fundamentos de metodologia científica*. 6. ed. São Paulo: Atlas, 2005.

MARCONI, M. A.; LAKATOS, E. M. *Metodologia científica*. 3. ed. São Paulo: Atlas, 2000.

Leituras recomendadas

DARWIN, C. *A origem das espécies*. Tradução de Daniel Moreira Miranda. São Paulo: Edipro, 2018.

ESPÍRITO SANTO, A. *Delineamentos de metodologia científica*. São Paulo: Loyola, 1992.

RUDIO, F. V. *Introdução ao projeto de pesquisa científica*. 24. ed. Petrópolis: Vozes, 1999.

Fundamentação teórica

Objetivos de aprendizagem

Ao final deste texto, você deve apresentar os seguintes aprendizados:

- Definir fundamentação teórica.
- Estruturar a fundamentação teórica.
- Reconhecer a fundamentação teórica como base para a pesquisa científica.

Introdução

A realização de uma pesquisa científica tem como ponto de partida uma dúvida, uma indagação, um assunto ou um fenômeno que o pesquisador deseja conhecer mais profundamente. Para tanto, ele deve se dedicar ao estudo do referido fenômeno, realizar a coleta dados, analisar e interpretar tais dados com base em teorias existentes.

Isso demanda a leitura do que outros autores já produziram a respeito, viabilizando a formação da base teórica que permitirá ao pesquisador confirmar ou refutar argumentos já existentes e, assim, formular as suas próprias conclusões. Todo esse contexto revela e sintetiza os propósitos da fundamentação teórica, por meio da qual tais demandas são atendidas.

Neste capítulo, você vai estudar a fundamentação teórica. Você vai verificar no que consiste e como se estrutura esse importante elemento que serve de base para a pesquisa científica.

Definição de fundamentação teórica

Antes de conhecer a definição de fundamentação teórica, você deve localizar a fundamentação no cenário de uma pesquisa. Para isso, lembre-se de que a elaboração de um trabalho científico tem como estrutura os seguintes elementos: apresentação, objetivos, justificativa, objeto, metodologia, fundamentação teórica, cronograma, orçamento, instrumento de pesquisa e bibliografia. Como um desses elementos, a fundamentação teórica tem o relevante propósito de servir de base para a análise e a interpretação dos dados coletados, que devem ser apresentados e interpretados à luz das teorias existentes (MARCONI; LAKATOS, 2005; MELLO, 2006).

Toda pesquisa científica demanda que o pesquisador se dedique à leitura daquilo que outros autores já produziram sobre o assunto que pretende tratar em seu estudo. Ou seja, uma pesquisa requer trabalho de leitura, o que corresponde a uma demanda integrante já dos primeiros estágios da pesquisa científica. Essa tarefa permite ao pesquisador formar a base teórica necessária para confirmar ou refutar os argumentos existentes e, com base nisso, escrever suas próprias conclusões a respeito, gerando o produto do estudo realizado. Esse é o principal papel desempenhado pela fundamentação teórica.

Fique atento

A fundamentação teórica tem o propósito de embasar os aspectos teóricos de uma pesquisa por meio das ideias de outros autores, de estudos já realizados e de conclusões obtidas por meio deles. A partir daí é que o pesquisador formula as suas próprias conclusões.

Muitas vezes apresentada com outras nomenclaturas, como "marco referencial", "embasamento teórico" e "teoria de base", a fundamentação teórica abarca diferentes aspectos que auxiliam na elaboração da pesquisa, tendo em vista as mais diferentes funções que ela possui dentro do estudo. Isso faz da fundamentação teórica um importante elemento da pesquisa científica. Ela inclui a revisão e a leitura de textos, artigos, livros e outros materiais pertinentes ao assunto estudado, bem como a seleção das leituras mais adequadas aos propósitos do pesquisador. A ideia é viabilizar a interpretação, a discussão e o diálogo com os autores da área de maneira racional, bem como compreender de forma mais elucidativa o fenômeno estudado. Desse modo, o pesquisador realiza a leitura dos materiais selecionados com um propósito bem definido: trazer fundamento à sua pesquisa, uma vez que a fundamentação teórica embasará a pesquisa a ser realizada e a análise de seus dados (HERNANDEZ SAMPIERI; FERNÁNDEZ COLLADO; BAPTISTA LUCIO, 2013).

Assim, a busca pela fundamentação teórica promove o desenvolvimento da revisão bibliográfica, também denominada "revisão de literatura" ou "referencial teórico". Esse procedimento é parte importante de um projeto de pesquisa, revelando o universo de contribuições científicas de autores sobre o assunto estudado na pesquisa (SANTOS; CANDELORO, 2006).

A fundamentação teórica, quando bem executada, dá maior credibilidade à pesquisa, situando-a no contexto do campo científico no qual o estudo é realizado. Afinal, a elaboração de uma boa fundamentação teórica tem a capacidade de consolidar a pesquisa, trazendo argumentos para o estudo desenvolvido e fazendo com o trabalho seja respeitado no meio científico, seja na esfera acadêmica ou na esfera profissional à qual será submetido.

O pesquisador deve buscar fontes fidedignas e que ofereçam informações de qualidade para a pesquisa. Ou seja, a busca por materiais deve ser seletiva: é necessário escolher entre as inúmeras referências possíveis aquelas que forem mais importantes e recentes e que também que estejam diretamente ligadas à formulação do problema de pesquisa. Como você sabe, a produção científica é constante, de modo que todos os anos, em diversas partes do mundo, são publicados milhares de materiais, como artigos em revistas, periódicos, livros, entre outros, nas diferentes áreas do conhecimento (HERNANDEZ SAMPIERI; FERNÁNDEZ COLLADO; BAPTISTA LUCIO, 2013).

Você deve estar atento ao seguinte: a fundamentação teórica não deve consistir na descrição pontual do que se quer estudar, mas na apresentação e na análise do assunto pesquisado à luz do referencial teórico. Ou seja, você deve apresentar as ideias já discutidas por teóricos da área, podendo citá-los na íntegra ou parafraseá-los, caso em que deverá dar o crédito à fonte. Na fundamentação teórica, são estabelecidas relações com o problema e busca-se a sustentação teórica que alicerce os objetivos do estudo. É possível, se for o caso, criar pressupostos teóricos para orientar as reflexões da pesquisa. Além disso, a fundamentação teórica não deve resultar em uma simples lista de autores e materiais que abordaram o tema, mas permitir a descrição do conhecimento atual sobre o problema (BARRAL, 2007; HERNANDEZ SAMPIERI; FERNÁNDEZ COLLADO; BAPTISTA LUCIO, 2013; KNE-CHTEL, 2014).

Em síntese, a fundamentação teórica aborda assuntos relevantes ao tema estudado, o que contribui para a realização da pesquisa e a análise dos resultados, fazendo dela um elemento importante na estrutura da pesquisa científica. Contudo, além das considerações que você viu até aqui sobre a definição e os propósitos da fundamentação teórica, é importante você considerar que ela é construída em diferentes níveis. Tais níveis é que permitem a estruturação da fundamentação teórica. Isso é o que você vai ver a seguir.

Estruturação da fundamentação teórica

A fundamentação teórica serve de alicerce teórico ao que o autor da pesquisa deseja demonstrar sobre o assunto estudado. Por isso, é imprescindível que os conteúdos (conceitos, teorias e outros) que integram a fundamentação teórica estejam diretamente relacionados aos objetivos da pesquisa. Desse modo, para desenvolver a fundamentação teórica, além de olhar para o tema, o pesquisador precisa definir a problematização e os objetivos do estudo. A construção desses elementos dá a ele a capacidade de determinar quais são os conceitos centrais do trabalho e de começar o desenvolvimento do tema, identificando conceitos, teorias e conclusões que permitem apresentar a evolução histórica do assunto. A ideia é apurar o que se conhece sobre o tema por meio de estudos já realizados.

 **Exemplo**

A relação da fundamentação teórica com os objetivos da pesquisa é muito estreita. Por isso, você deve estar atento a essa relação na estruturação da fundamentação. A seguir, veja um exemplo.

- **Objetivo geral**: identificar qual é a influência do uso de tratamentos paliativos na recuperação dos pacientes na Clínica X.
- **Objetivos específicos**: verificar quais paliativos a clínica utiliza; apurar os tipos de pacientes que usam paliativos; identificar o nível de recuperação de cada tipo de paciente.
- **Estrutura da fundamentação**:
  - comportamento do paciente nos tratamentos paliativos;
  - tipos de tratamentos paliativos usados em clínicas;
  - níveis de recuperação de pacientes em clínicas.

Como você pode ver, os objetivos conduzem a estruturação da fundamentação teórica e acabam direcionando o pesquisador na escolha das bibliografias a serem lidas para que possa fundamentar o seu estudo.

A estruturação da fundamentação teórica requer, antes de tudo, a identificação dos pontos-chave do trabalho, ou seja, dos principais conceitos que envolvem o objeto de análise. Identificados esses pontos, o pesquisador pode traçar um caminho ao longo do contexto histórico de pesquisas relevantes sobre o conceito central identificado. Então, chega ao estágio de seleção dos autores e trabalhos mais significantes acerca do assunto, cujos estudos permitem apresentá-lo sob abordagens específicas, que podem ser equivalentes, complementares ou divergentes — a depender das intenções do pesquisador e do que ele pretende demonstrar. Isso pode ser resumido em três passos principais (HERNANDEZ SAMPIERI; FERNÁNDEZ COLLADO; BAPTISTA LUCIO, 2013):

- identificar os principais conceitos do trabalho;
- apresentar um histórico sobre os principais trabalhos já feitos sobre o assunto;
- identificar as abordagens dos diferentes autores sobre os conceitos.

Fique atento

A comparação entre os trabalhos dos vários autores é muito importante, pois ajuda a enriquecer a fundamentação teórica.

A estruturação da fundamentação teórica pode ser atingida por meio de algumas etapas básicas. Veja a seguir (MARCONI; LAKATOS, 2005).

- **Definição da teoria de base:** premissas ou pressupostos teóricos com base nos quais o autor da pesquisa fundamenta a sua interpretação.
- **Revisão bibliográfica:** verificação de trabalhos já realizados sobre o tema de pesquisa, viabilizando que o autor cite as principais conclusões de outros autores, reafirme tais conclusões ou demonstre contradições, de modo que a sua pesquisa atual traga "algo mais" a respeito do assunto.
- **Definição dos termos:** esclarecimento e indicação de como os conceitos serão empregados na pesquisa. Isso permite que o autor apresente o fato ou fenômeno que pretende estudar de forma mais precisa, evitando ambiguidade (já que um mesmo conceito pode ter significados diferentes de acordo com o contexto ou a ciência na qual é empregado).
- **Especificação dos conceitos operacionais e seus indicadores:** processo que dá continuidade à definição dos termos, fornecendo um conjunto de instruções para a manipulação ou a observação dos fatos e fenômenos estudados.

Além disso, a fundamentação teórica é constituída por diferentes estágios, desenvolvidos ao longo da pesquisa científica. Nesse contexto, você deve reconhecer as diferentes as fases que colaboram para a estruturação da fundamentação teórica e verificar em que consiste cada uma delas, sendo que uma leva a outra (HERNANDEZ SAMPIERI; FERNÁNDEZ COLLADO; BAPTISTA LUCIO, 2013). Veja a seguir.

- **Revisão da literatura:** consiste em pesquisar o que já existe de literatura publicada sobre o tema a respeito do qual você pretende tratar em sua pesquisa e, a não ser no tipo de pesquisa bibliográfica, como não se deseja usar "tudo" sobre o assunto, é preciso definir a base teórica que será utilizada como referência para a pesquisa.
- **Definição do referencial teórico:** consiste em definir/escolher, entre as obras pesquisadas, quais podem ser utilizadas como referencial para ajudar no aprofundamento do texto. As obras devem ser adequadas cientificamente.
- **Formação da fundamentação teórica:** consiste em usar os referenciais definidos para embasar a sua escrita.

Fique atento

Embora seja comum que algumas instituições de ensino utilizem as expressões "revisão de literatura" e "referencial teórico" como equivalentes, elas na verdade são duas etapas distintas que auxiliam na formação da fundamentação teórica de sua pesquisa.

A fundamentação teórica é uma etapa da pesquisa durante a qual o pesquisador precisa estar atento, de modo a evitar falhas que prejudiquem a qualidade de seu trabalho. Por isso, durante as etapas de estruturação da fundamentação teórica, recomenda-se alguns cuidados (HERNANDEZ SAMPIERI; FERNÁNDEZ COLLADO; BAPTISTA LUCIO, 2013):

- realização de uma leitura crítica sobre as obras consultadas e utilizadas;
- observação das normas técnicas aplicáveis às pesquisas científicas;
- emprego de redação adequada a esse tipo de material;

- indicação correta das referências utilizadas como base para o estudo, evitando plagiar o conteúdo que serviu como fundamentação teórica do trabalho;
- utilização de um número de autores que permita apresentar de forma satisfatória as abordagens antecedentes sobre o assunto desenvolvido.

Saiba mais

A observação de normas técnicas é um cuidado importante durante a estruturação da fundamentação teórica. Nesse sentido, a consulta a instituições como a Associação Brasileira de Normas Técnicas (ABNT) pode ser muito útil. A ABNT possui em seu catálogo algumas normas que são destinadas à elaboração de trabalhos científicos, como monografias, dissertações ou teses. Veja:

- NBR 14.724: trabalhos acadêmicos — apresentação
- NBR 10.520: informação e documentação — apresentação de citação de documentos
- NBR 6.023: informação e documentação — referências, elaboração

Essas normas tratam de aspectos como formatação, citações (diretas e indiretas), referências e elementos pré-textuais, textuais e pós-textuais. Esses aspectos são essenciais para a elaboração de um texto científico que siga os padrões exigidos. Mas tenha atenção: isso não elimina a necessidade de você verificar as recomendações, orientações e exigências da sua instituição.

Como pesquisador, você deve estar atento em relação ao plágio durante a elaboração da fundamentação teórica. Como você sabe, o plágio pode trazer inúmeros problemas para a pesquisa e o seu autor. O plágio consiste na utilização, pelo pesquisador, de palavras de outros autores como se fossem suas, sem que os devidos créditos sejam oferecidos. Por isso, é importante você estar atento para não cometer plágio, mesmo que de forma involuntária. Portanto, garanta que todas as fontes consultadas sejam adequadamente citadas e referenciadas, ainda que você esteja apenas parafraseando outro autor ou usando ideias dele para apoiar as suas (BELL, 2008).

Todas essas demandas envolvidas na estruturação da fundamentação teórica deixam evidente que esse é um elemento essencial na elaboração de uma pesquisa científica, sem o qual o estudo perderia muito em significância, relevância e credibilidade. Por isso, a fundamentação teórica é o alicerce da pesquisa científica, como você vai ver detalhadamente a seguir.

A fundamentação teórica como base para a pesquisa científica

Como você viu, a fundamentação teórica é um dos elementos integrantes da pesquisa científica. Ela possui o relevante propósito de servir de base para a análise e a interpretação dos dados coletados, permitindo que eles sejam apresentados e interpretados à luz das teorias existentes. Para tanto, a fundamentação teórica visa a esclarecer e justificar o problema em estudo, orientando o método de trabalho e os procedimentos de coleta e análise de dados (MELLO, 2006).

Desse modo, a fundamentação teórica permite o direcionamento dos procedimentos metodológicos da pesquisa. Tais procedimentos definem a forma como a pesquisa será conduzida, o modo como os dados serão coletados e a maneira como esses dados serão analisados; tudo para atender aos objetivos propostos pelo estudo e, consequentemente, resolver o problema de pesquisa. A fundamentação teórica relaciona-se com o problema e busca fornecer a sustentação teórica, servindo de alicerce para o atendimento dos objetivos do estudo e promovendo pressupostos teóricos que irão orientar as reflexões da pesquisa (HERNANDEZ SAMPIERI; FERNÁNDEZ COLLADO; BAPTISTA LUCIO, 2013; KNECHTEL, 2014).

Você pode considerar, então, que a fundamentação teórica é essencial para a pesquisa, colaborando com importantes momentos do estudo, como a elaboração do projeto de pesquisa, a análise de dados e a redação do documento final de apresentação da pesquisa e de seus resultados (um relatório de pesquisa, por exemplo). No início da fase do projeto, as ideias tendem a não ser muito claras, uma vez que os objetivos da pesquisa são construídos no decorrer dessa fase. Nesse momento, a fundamentação teórica auxilia no direcionamento do estudo, ajudando o pesquisador em demandas como definição do tema, do problema, dos objetivos e da justificativa da pesquisa.

Nessa fase, por meio de estudos preliminares, o pesquisador pode encontrar as lacunas relevantes no assunto sobre o qual se interessa em estudar, considerando que uma pesquisa parte de uma questão não resolvida, que demanda discussão, investigação, decisão e solução e que pode ser objeto de estudo em algum domínio do conhecimento. Já na análise de dados, a fundamentação teórica permite a comparação dos resultados obtidos por meio da pesquisa com teorias e outros estudos já realizados. Por fim, na redação do documento final, a fundamentação teórica permite que o pesquisador reflita sobre se conseguiu atingir os resultados pretendidos quando definiu seus objetivos. Ela também permite que ele demonstre tais resultados àqueles que estão lendo a pesquisa, por meio da apresentação de suas próprias conclusões como produto do estudo realizado (SORDI, 2017).

Desse modo, além de colaborar para que o pesquisador reúna o que outros autores já produziram, a fundamentação teórica também permite a ele estabelecer a abordagem e os métodos que irá empregar em seu estudo — e essa é uma demanda muito importante, que contribui para a execução da pesquisa e também para que todo o trabalho realizado ao longo do estudo sirva como preparação para a produção do relatório de pesquisa. Então, ao pesquisador não basta apenas se dedicar à leitura. Ele precisa também saber como buscar referências e manejar informações de forma adequada (BELL, 2008).

Todos esses aspectos são desenvolvidos durante a elaboração da fundamentação teórica, o que faz dela um importante elemento da estrutura do projeto de pesquisa, que guia a execução da pesquisa científica, consistindo no documento que registra o seu planejamento. O principal propósito da fundamentação teórica é a formação de uma base para o estudo, o que contribui de forma significativa para o estabelecimento de importantes elementos, como a definição do tipo, do método e da técnica de pesquisa, bem como para a determinação da população objeto do estudo (MARCONI; LAKATOS, 2005).

Além disso, durante o desenvolvimento dos propósitos já apresentados, a fundamentação teórica acaba desempenhando também outras importantes funções. Entre elas, considere as listadas a seguir (HERNANDEZ SAMPIERI; FERNÁNDEZ COLLADO; BAPTISTA LUCIO, 2013).

- Ajuda a prevenir erros cometidos em outras pesquisas.
- Orienta sobre como o estudo deve ser conduzido, verificando como determinado problema de pesquisa foi trabalhado em estudos anteriores com relação a aspectos como:
  - tipo de estudo realizado;
  - tipo de participantes;
  - forma de coleta de dados;
  - localização;
  - métodos utilizados.
- Aumenta o horizonte do estudo, ao mesmo tempo em que promove o foco no problema de pesquisa, evitando desvios da formulação original de pesquisa.
- Documenta a necessidade de realização do estudo.
- Leva à formulação de hipóteses de pesquisa bem fundamentadas, que serão colocadas à prova durante o estudo.
- Inspira novas linhas e áreas de pesquisa.

■ Proporciona uma estrutura de referência para interpretar os resultados do estudo.

Em síntese, as considerações expostas aqui tiveram a intenção de apresentar a você a fundamentação teórica, seus propósitos e funções, bem como de orientá-lo sobre como essa etapa da pesquisa pode ser estruturada. Além disso, a ideia foi destacar a contribuição significativa da fundamentação teórica para a definição de aspectos relevantes da pesquisa. Portanto, fique atento a essas considerações e dedique-se à elaboração da fundamentação teórica de sua pesquisa. Isso trará importantes benefícios ao seu estudo, promovendo o atingimento dos resultados pretendidos e tornando-os mais relevantes e mais bem aceitos no contexto científico.

Referências

BARRAL, W. B. *Metodologia da pesquisa jurídica*. Belo Horizonte: Del Rey, 2007.

BELL, J. *Projeto de pesquisa:* guia para pesquisadores iniciantes em educação, saúde e ciências sociais. 4. ed. Porto Alegre: Artmed, 2008.

HERNANDEZ SAMPIERI, R.; FERNÁNDEZ COLLADO, C.; BAPTISTA LUCIO, M. P. *Metodologia de pesquisa*. 5. ed. Porto Alegre: AMGH, 2013.

KNECHTEL, M. R. *Metodologia da pesquisa em educação:* uma abordagem teórico-prática dialogada. Curitiba: InterSaberes, 2014.

MARCONI, M. A.; LAKATOS, E. M. *Fundamentos de metodologia científica*. 6. ed. São Paulo: Atlas, 2005.

MELLO, C. H. P. *Gestão da qualidade*. São Paulo: Pearson Prentice Hall, 2006.

SANTOS, V. D.; CANDELORO, R. J. *Trabalhos acadêmicos:* uma orientação para a pesquisa e normas técnicas. Porto Alegre: AGE, 2006.

SORDI, J. O. *Desenvolvimento de projeto de pesquisa*. São Paulo: Saraiva, 2017.

Referências gráficas e textuais

Objetivos de aprendizagem

Ao final deste texto, você deve apresentar os seguintes aprendizados:

- Referenciar elementos gráficos.
- Elaborar citações diretas e indiretas.
- Descrever adequações de referências bibliográficas.

Introdução

A elaboração de um texto científico requer disciplina de seu autor, que deve estar atento ao método científico. Cada parte constituinte do texto envolve recomendações específicas que o autor deve compreender e seguir para que o produto final do estudo e os seus resultados atendam às expectativas.

Além disso, a produção científica requer pesquisa, incluindo a leitura de diferentes obras sobre o assunto a ser estudado. É dessa forma que o pesquisador consegue embasar o estudo e as suas conclusões. A produção também envolve a coleta e a análise de dados, que precisam ser interpretados e apresentados, o que põe em cena citações, referências e elementos gráficos. Todos esses aspectos precisam ser tratados conforme as indicações do método científico e das normas a ele vinculadas.

Neste capítulo, você vai estudar os elementos gráficos e ver como referenciá-los. Você também vai ver como fazer referências por meio de citações diretas e indiretas. Além disso, vai verificar como padronizar as referências.

Elementos gráficos

O texto final relativo a uma pesquisa, em especial a parte formada pelos elementos textuais, tem o propósito de apresentar uma resposta ao problema de pesquisa. A ideia é mostrar as estratégias utilizadas para abordar o problema, assim como os dados que foram coletados, analisados e interpretados pelo pesquisador. Nesse contexto, os elementos gráficos oferecem significativa colaboração, contribuindo para tais demonstrações. A utilização de elementos gráficos tem a intenção de auxiliar, por exemplo, na apresentação dos dados coletados e na demonstração dos resultados, facilitando o entendimento e a interpretação de quem está lendo o texto. Tais elementos podem corresponder a tabelas, quadros, gráficos, desenhos, fotografias, diagramas, mapas, fluxogramas, organogramas, esquemas e figuras geradas durante a análise (GIL, 2010; HERNÁNDEZ SAMPIERI; FERNÁNDEZ COLLADO; BAPTISTA LUCIO, 2013MARCONI; LAKATOS, 2017).

Os elementos gráficos, assim como os textuais, merecem cuidados específicos em sua elaboração, sua inserção e sua localização no texto. Por isso, quando utilizar qualquer elemento em seu texto, o pesquisador deve apresentá-lo em um formato específico, seguindo o padrão exigido na elaboração de um texto científico. Uma recomendação básica e universal para a utilização de elementos gráficos é que eles devem ser bastante simples, abordando um número limitado de ideias, para que sejam claros e objetivos. É importante também que os elementos gráficos sejam inseridos no texto o mais próximo possível do trecho ao qual se referem. Além disso, quando utilizados, devem ser identificados na sua parte inferior. A identificação precisa incluir palavra designativa, numeração sequencial que indica a ordem de ocorrência no texto, respectivo título ou legenda explicativa e fonte (GIL, 2010; HERNÁNDEZ SAMPIERI; FERNÁNDEZ COLLADO; BAPTISTA LUCIO, 2013; MARCONI; LAKATOS, 2005).

Dependendo do tipo e da destinação da pesquisa, elementos como quadros, tabelas e gráficos, que são comumente referenciados como figuras ou ilustrações, podem ser mais úteis, sendo geralmente destinados à apresentação de dados e resultados estatísticos obtidos por meio de análises. Esses elementos ordenam e apresentam os dados de tal forma que ajudam o pesquisador a demonstrar diferenças, semelhanças e relações entre as variáveis estudadas. Ao mesmo tempo, eles facilitam a leitura, a compreensão e a interpretação rápida de uma massa de dados, ressaltando detalhes e relações relevantes. Desse modo, funcionam como explicações visuais, de caráter quantitativo, qualitativo e descritivo (CERVO; BERVIAN; SILVA, 2007; MARCONI; LAKATOS, 2005).

Contudo, para que quadros e tabelas consigam desempenhar adequadamente os seus propósitos, o autor precisa tomar alguns cuidados durante a elaboração, a inserção e a localização desses elementos no texto, como você pode ver a seguir. Afinal, elementos gráficos inadequados, identificação errada das figuras e diagramas mal elaborados por vezes mais dificultam do que facilitam a compreensão da mensagem (CERVO; BERVIAN; SILVA, 2007; HERNÁNDEZ SAMPIERI; FERNÁNDEZ COLLADO; BAPTISTA LUCIO, 2013). Veja os cuidados necessários:

- o título do elemento deve especificar seu conteúdo;
- o cabeçalho e os subtítulos devem ser adequados para o entendimento do conteúdo (como rótulos de colunas e linhas);
- os dados devem ser apresentados de forma que fiquem bem distribuídos e facilitem a leitura, além de, preferencialmente, constarem em uma única página;
- o mesmo formato de elemento gráfico deve ser utilizado em todo o relatório, mantendo a uniformidade na apresentação das informações.

Há algumas características relevantes relacionadas a tabelas e quadros. Esses dois elementos possuem tanto semelhanças quanto distinções (CERVO; BERVIAN; SILVA, 2007; MARCONI; LAKATOS, 2005). As **tabelas** incluem representações numéricas de dados quantitativos, coletados por meio de instrumentos próprios para esse fim. A representação numérica pode ser em forma de números absolutos ou em percentuais. Desse modo, as tabelas geralmente trabalham com dados quantitativos de cunho analítico, apresentando informações tratadas estatisticamente, elaboradas com base em dados primários (obtidos diretamente pelo pesquisador). Com relação à sua apresentação, as tabelas são formadas por, no mínimo, linhas horizontais (separando topo, espaço de cabeçalho e rodapé) e devem manter suas bordas laterais abertas. Pode ainda haver traços verticais para destacar parte dos dados, mas estes são opcionais. Veja a seguir (Figura 1).

Tabela 12 - Distribuição da informação recuperada na BVS-SP* sobre dengue, por tipos de documentos e bases de dados.

Tipos de documentos	Bases de Dados							Total	
	Lilacs	AdSaúde	MS	FSP	ENSP	Repidisca	Medline	N	%
Artigos de revistas	30	5	-	12	4	2	15	68	49
Livros ou capítulos	8	3	10	10	3	-	-	34	25
Documentos não convencionais	11	2	2	13	5	2	-	35	25
Vídeos	-	-	-	-	2	-	-	2	1
Total	49	10	12	35	14	4	15	139	100

Figura 1. Exemplo de tabela.

Fonte: USP (2017, documento *on-line*).

Os **quadros** possuem cunho mais informativo e descritivo, e não analítico, muitas vezes correspondendo a livres arranjos que o autor faz para organizar e sistematizar a apresentação de algumas informações. São geralmente elaborados com base em dados secundários (obtidos pelo pesquisador por meio de outras fontes). O autor deve, portanto, apresentar a transcrição literal dos dados, acompanhada da indicação da fonte. Com relação à sua apresentação, os quadros são formados por linhas verticais e horizontais e devem ter todas as suas extremidades fechadas. Veja um exemplo a seguir (Figura 2).

Quadro 10 - Principais bases de dados bibliográficas de interesse para a área de saúde pública disponíveis para acesso na Biblioteca da Faculdade de Saúde Pública da USP*, em 2014.

Nome da base	Instituição responsável/abrangência	Indexa
Lilacs	BIREME (Sistema Latino-Americano e do Caribe de Informação em Ciências da Saúde) divulga a iteratura convencional e não-convencional em ciências da saúde, gerada na América Latina e Caribe.	Década de 80 em diante
Environmental Engineering Abstracts	Literatura mundial nos aspectos tecnológicos do ar, solo, segurança ambiental, sustentabilidade.	Artigos, livros, conferências, publicações governamentais.
Medline	National Library of Medicine (NLM), com resumos de artigos de periódicos em medicina e áreas afins.	Artigos de periódicos.
Sociological Abstracts	Compilada pelo Sociological Abstracts Inc., apresenta resumos de diferentes tipos de documentos em sociologia e disciplinas correlatas.	Livros, capítulos de teses, congressos e cerca de 5 mil periódicos.
CAB Abstracts	Conjunto de bases de dados produzido pela CABI (Commonwealth Agricultural Bureau International), com resumos em nutrição humana, tecnologia de alimentos, veterinária, ciências ambientais entre outras.	Artigos de periódicos, livros, vídeos.
ERIC	Educational Resources Information Center produzida pela US Department of Education.	Artigos, conferências, congressos, teses, documentos governamentais, material audiovisual.
PubMed	Inclui, além da base Medline, outros registros incluídos no Index Medicus ("Old Medline").	
Scopus	Base bibliográfica e de citação editada pela Elsevier nos diversos campos da ciência, área de medicina, ciências sociais, tecnologia.	Artigos, livros, capítulos, conferências.
PsycInfo	Produzida pela American Psychological Association - APA. Campo da da psicologia e disciplinas relacionadas.	Artigos, capítulos, teses.
ISI/Web of Science	Base bibliográfica e de citação produzida pelo Institute for Scientific Information (ISI) nas grandes áreas do conhecimento: ciência, ciências sociais, artes e humanidades.	

Figura 2. Exemplo de quadro.

Fonte: Adaptada de USP (2017, documento *on-line*).

O pesquisador, ao elaborar o texto final de sua pesquisa, deve utilizar as recomendações contidas em normas que tratam da apresentação de textos científicos. Algumas delas são oferecidas por instituições como a Associação Brasileira de Normas Técnicas (ABNT) e o Instituto Brasileiro de Geografia e Estatística (IBGE). Há normas direcionadas especificamente para a elaboração de elementos gráficos, que incluem quadros e tabelas, entre outros.

Link

Em seu catálogo, a ABNT possui normas destinadas a orientar a apresentação de aspectos gráficos. É o caso da ABNT NBR 14.724, que trata da apresentação de trabalhos acadêmicos, incluindo aspectos gráficos. Para ver essa e outras normas, acesse o *link* a seguir.

https://qrgo.page.link/enSJU

O IBGE também oferece recomendações sobre a elaboração e a apresentação de elementos gráficos, como as normas de apresentação tabular. Para saber mais, acesse o *link* a seguir.

https://qrgo.page.link/2EmAu

Os **gráficos**, por sua vez, correspondem a representações visuais de categorias, variáveis e tendências. Geralmente, são elaborados a partir dos dados de tabelas e quadros. Eles oportunizam uma leitura mais orientada pelas formas e curvas do que simplesmente pelos números, como você pode ver nas Figuras 1 e 2. Muitas vezes, os gráficos utilizam diferentes cores, formas geométricas ou linhas, podendo requerer o acréscimo de legendas explicativas que indiquem o significado de cada símbolo ou cor apresentada.

Existem inúmeros tipos de gráficos, como os lineares, de barras ou colunas, circulares ou de segmentos e setores, diagramas, organogramas, entre outros. Cada tipo de gráfico é apropriado a determinado caso, devendo ser selecionado de acordo com a natureza dos dados a serem apresentados. Contudo, ainda que envolvam diversas alternativas de apresentação, os gráficos podem ser classificados em duas categorias básicas (CERVO; BERVIAN; SILVA, 2007; MARCONI; LAKATOS):

- gráficos informativos — objetivam viabilizar o conhecimento da situação real e atual do problema estudado;
- gráficos analíticos — objetivam, além de informar, também oferecer elementos de interpretação, cálculos, inferências, previsões.

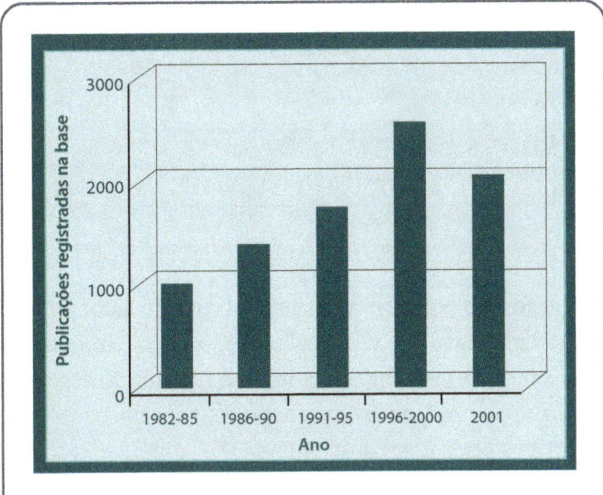

Figura 3. Exemplo de gráfico de barras.
Fonte: Adaptada de USP (2017, documento *on-line*).

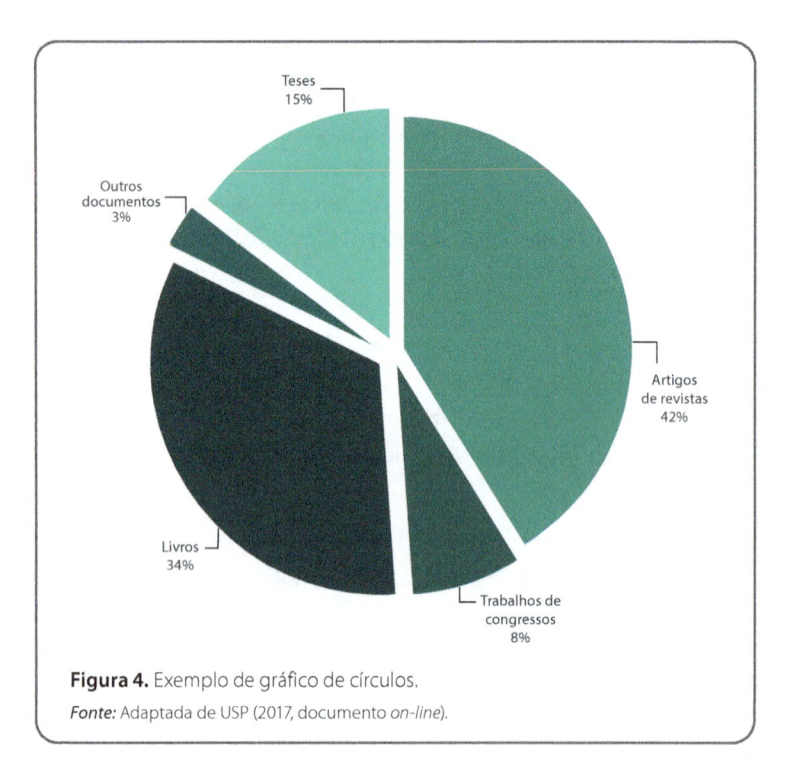

Figura 4. Exemplo de gráfico de círculos.
Fonte: Adaptada de USP (2017, documento *on-line*).

Algumas vezes, ao concluir a pesquisa, o pesquisador apenas elabora e entrega o texto final para que seja avaliado. Contudo, em outros casos, essa entrega pode ser feita também verbalmente. Assim, o pesquisador tem a necessidade e a oportunidade de apresentar a sua pesquisa. Nesses casos, os elementos gráficos podem ser ainda mais úteis, tomando a forma de *slides*, vídeos, entre outros. Como você sabe, isso é cada vez mais comum hoje em dia, tendo em vista que os relatórios são elaborados por meio de diferentes processadores de textos e programas, que importam gráficos e textos de um arquivo para outro, ou até mesmo incorporam áudios e vídeos. Por isso, é importante que o pesquisador esteja familiarizado com as alternativas disponíveis e com a melhor forma de utilizá-las no seu relatório de pesquisa (HERNÁNDEZ SAMPIERI; FERNÁNDEZ COLLADO; BAPTISTA LUCIO, 2013).

Para definir os tipos de elementos gráficos mais apropriados para serem utilizados no relatório de pesquisa, o autor deve pensar no público ao qual a pesquisa se destina (usuários, receptores ou leitores do estudo). Elementos como tabelas destinadas à apresentação de resultados que incluam testes estatísticos são mais úteis se o leitor possui conhecimentos em estatística.

Caso contrário, tais elementos podem não ser tão úteis, ou o pesquisador pode ter de comentar as tabelas, incluindo um texto explicativo a respeito delas (HERNÁNDEZ SAMPIERI; FERNÁNDEZ COLLADO; BAPTISTA LUCIO, 2013). No Quadro 1, a seguir, você pode ver uma comparação entre tabelas, quadros e figuras.

Quadro 1. Comparação entre elementos gráficos

	Tabelas	**Quadros**	**Figuras**
Forma	Sem bordas externas, somente com linhas internas na tabela para separar os dados	Com bordas externas fechando o quadro e linhas internas separando as informações	Fotos, mapas, gráficos, entre outros
Utilização	Dados quantitativos	Dados qualitativos	Ilustração de informações e dados
Itens	Título, cabeçalho, conteúdo, fonte (quando necessário, pode-se utilizar notas explicativas)	Título, fonte, legenda e notas, quando necessário	Título, numeração e fonte
Segmentação dos dados	Linhas verticais	Linhas horizontais e verticais	
Formatação	Número e título acima da tabela (a fonte deve estar localizada abaixo)		

Como você viu, os elementos gráficos contribuem muito para a apresentação dos resultados da pesquisa, que corresponde a uma importante seção do relatório final do estudo. Porém, existem ainda outras seções, cada uma com um importante papel a cumprir, demandando do pesquisador atenção em sua elaboração. É o caso dos elementos pós-textuais, entre os quais está, em posição de destaque, a seção destinada à apresentação das referências da pesquisa. Para que essa seção seja elaborada adequadamente, o pesquisador precisa conhecer as particularidades inerentes a ela, como as formas de citar e referenciar as obras consultadas na elaboração da pesquisa. É isso que você vai estudar a seguir.

Citações diretas e indiretas

As referências são um elemento obrigatório em toda pesquisa científica. Elas devem ser adequadas e cuidadosamente elaboradas. Para tanto, ao longo do texto correspondente aos elementos textuais da pesquisa, o pesquisador menciona as obras utilizadas durante realização do estudo, ou seja, ele cita os autores e outras fontes que utilizou como base; esses materiais é que são relacionados ao final do texto, na seção destinada às referências.

Saiba mais

Segundo a ABNT NBR 6023 (2018), uma das normas da ABNT, as referências são um elemento obrigatório em uma pesquisa científica, e a sua redação deve seguir um padrão específico. Essa é uma das normas consideradas pelas instituições de ensino no estabelecimento de suas orientações a respeito das referências.

Por vezes chamadas "transcrições de documentos bibliográficos", as citações possuem como principal propósito fortalecer e apoiar a tese do pesquisador, servindo também para documentar a sua interpretação. Ao escolher o que citar, o pesquisador busca eleger os componentes mais relevantes para a descrição, a explicação ou as exposições temáticas das ideias que aborda. O pesquisador utiliza as citações de maneira a refutar ou aceitar o raciocínio e as exposições de um ou mais autores consultados, como forma de dar suporte aos seus próprios argumentos e, assim, fortalecer a sua argumentação. Desse modo, citações podem ser utilizadas para confirmar ideias defendidas pelo pesquisador, ou também para ele apresentar opiniões diferentes da sua, mostrando o que outros autores dizem a respeito do assunto (BARROS; LEHFELD, 2007; MASCARENHAS, 2012).

Assim como outros elementos gráficos e textuais, as citações devem seguir o padrão preestabelecido para textos científicos, de acordo com as recomendações das instituições de ensino e pesquisa e com as normas pertinentes, como aquelas indicadas pela ABNT. As citações podem ser feitas de duas formas: direta e indireta. As características e recomendações para a realização de cada umas delas são descritas a seguir (GIL, 2010; MARCONI; LAKATOS, 2005).

- **Citações diretas:** correspondem à apresentação de partes do texto da obra consultada, com a redação original. Ou seja, uma citação direta é a transcrição literal das palavras do autor, mantendo-se todas as suas características. Para tanto, a parte da obra citada é apresentada entre aspas, seguida do sobrenome do autor, da data de publicação e da página da fonte da qual foi retirada. Esses elementos devem ser separados por vírgula e apresentados entre parênteses. Essa citação remete para a referência completa, contida nas referências do estudo. Citações curtas (até três linhas) são incluídas diretamente no texto, enquanto citações longas devem ser apresentadas em um bloco à parte, afastado da margem esquerda, com espaço simples e em itálico. Veja um exemplo de citação direta longa:

  > A documentação indireta serve-se de fontes de dados coletados por outras pessoas, podendo constituir-se de material já elaborado ou não. Dessa forma, divide-se em pesquisa documental (ou de fontes primárias) e pesquisa bibliográfica (ou de fontes secundárias) (MARCONI; LAKATOS, 2017, p. 32).

- **Citações indiretas:** correspondem a situações em que o pesquisador apresenta com suas palavras ideias que foram elaboradas com base em informações colhidas em obras de outros autores. Ou seja, uma citação indireta é utilizada quando o pesquisador comenta o conteúdo e as ideias do texto original, mas não faz uma transcrição literal dele. Nesse caso, é dispensável o uso das aspas, bastando indicar no próprio texto o sobrenome do autor e o ano da publicação. Veja um exemplo de citação indireta: Dados coletados por outras pessoas e utilizados como fontes se constituem em documentação indireta, sejam eles oriundos de materiais já elaborados ou não. Com isso, tem-se dois tipos de pesquisa: a documental, que é aquela baseada em fontes primárias, e a bibliográfica, baseada em fontes secundárias (MARCONI; LAKATOS, 2017).

No caso de citação indireta, em que o autor utiliza o conteúdo de terceiros, mas com enunciado próprio, uma das formas mais indicadas é aquela em que o autor constrói o texto com suas palavras, tomando como suporte as obras consultadas, e indica os autores ao final dos parágrafos. Isso torna o texto mais fluido e agradável para quem o lê. Contudo, é possível fazer citações indiretas apresentando-as no texto de diferentes formas, sendo todas válidas, uma vez que o importante é dar o crédito devido ao autor (MEDEIROS; TOMASI, 2016).

 **Exemplo**

Veja algumas possibilidades de apresentação de uma citação indireta (MEDEIROS; TOMASI, 2016):

- Conforme afirma o autor X (200X, p. XX), o barroco se caracteriza por...
- Para Antunes (200X, p. YY), a arte contemporânea...
- Segundo Sousa (200X, p. XX), as finalidades da teoria da literatura...
- Na obra *X*, Medeiros (200X, p. XX) afirma que... (note que o título de livros aparece em itálico)
- No artigo "XYZ", Silva (200X, p. XX) entende que... (note que o título de artigos aparece entre aspas)
- Adverte Martins (200X, p. YY) que a situação da balança de pagamentos do Brasil...
- Consoante Lima (200X, p. X), a pesquisa publicada em...
- Não concordamos com a afirmação de Soares (200X, p. XX)...

Observação: conforme a ABNT NBR 10520 (2002), a indicação do número da página consultada nas citações indiretas é opcional.

Outra possibilidade de citação indireta é o *apud*, expressão latina que significa "citado por". Nesse caso, o pesquisador utiliza informações de um autor cuja obra não consultou diretamente, mas à qual teve acesso por meio de algum outro texto. Essa alternativa é indicada para casos como os de autores antigos ou de obras raras, quando o acesso ao texto original é mais difícil (AQUINO, 2010; MEDEIROS; TOMASI, 2016).

Exemplo

Veja um exemplo de utilização de *apud*: "Segundo Fulano (1986 *apud* BELTRANO, 2019), a paráfrase é o tipo de citação mais comum e aquela que torna o seu texto melhor de se ler".

Isso indica que você deseja citar uma ideia de Fulano (1986), mas não dispõe de acesso à sua obra, por isso está consultando Beltrano (2019), que citou Fulano (1986) em seu texto. Ao utilizar esse tipo de citação, a recomendação é colocar a primeira citação (mais antiga) no rodapé da página, e a segunda (mais recente), nas referências bibliográficas.

Com base nas obras consultadas durante a realização da pesquisa, adequadamente citadas ao longo do texto, o autor elabora outro importante elemento obrigatório que deve estar contido entre os elementos pós-textuais do relatório de pesquisa: as referências. Estas, por sua vez, assim como todos os demais elementos integrantes do projeto e do relatório de uma pesquisa científica, precisam ser formuladas seguindo normas e recomendações. É isso que você vai ver a seguir.

Adequação de referências

Quando se fala sobre adequação de referências, é possível seguir por diferentes caminhos. É possível tratar, por exemplo, da maneira como as referências são apresentadas em um trabalho científico para que atendam às normas existentes. Mas também é possível pensar no fato de que, ao utilizar referências em um texto, você traz para dentro dele ideias de outras pessoas, organizadas de maneira a apoiar os seus argumentos. Isso muitas vezes leva a "adequações" no texto original, que é adaptado ao contexto do estudo em que está sendo utilizado. Ambas as situações requerem cuidado para serem realizadas de forma apropriada. A seguir, você vai conhecer mais profundamente cada uma delas, iniciando pela primeira situação mencionada, a "adequação" das referências às normas.

As citações contidas ao longo do texto são sintetizadas nas referências da pesquisa, que são um elemento obrigatório, fazendo parte dos elementos pós-textuais do projeto de pesquisa. A elaboração desse elemento precisa ser feita de modo a cumprir com um padrão determinado no contexto dos textos científicos, devendo seguir normas pertinentes, como aquelas indicadas pela ABNT (GIL, 2010).

Ao longo do trabalho de pesquisa, o pesquisador pode usar diferentes fontes de informação, como livros, artigos, matérias de jornais e revistas, teses, dissertações e outros estudos. Isso dá origem a uma relação variada de referências, sendo que cada uma delas possui um formato especial de apresentação, dadas as suas particularidades. Desse modo, o pesquisador precisa conhecer esses formatos de apresentação e considerá-los na elaboração de suas referências. É imprescindível que todos os trabalhos citados no texto de uma pesquisa científica sejam referenciados, o que deve ser feito em ordem alfabética, seguindo a NBR 6023, da ABNT.

Exemplo

A seguir, veja os diferentes tipos de fontes de informação que podem ser utilizados em uma pesquisa e a forma adequada de apresentá-los nas referências de acordo a ABNT NBR 6023 (2018).

Livro:
MEDEIROS, J. B. *Redação científica*: a prática de fichamentos, resumos e resenhas. 4. ed. São Paulo: Atlas, 1999.

Capítulo de livro:
GUBA, E. G.; LINCOLN, Y. S. Paradigmatic controversies, contradictions and emerging confluences. *In:* DENZIN, N. K.; LINCOLN, Y. (org.). *Handbook of qualitative research*. 2nd ed. Thousand Oaks: Sage, 2000. cap. 6, p. 163–189.

Artigo de periódico científico:
OSTINI, F. M. *et al.* O uso de drogas vasoativas em terapia intensiva. *Medicina – Revista do Hospital das Clínicas e da Faculdade de Medicina de Ribeirão preto da Universidade de São Paulo*, Ribeirão Preto, v. 31, n. 23, p. 400-411, jul./set. 1998.

Matéria publicada em revista:
CAETANO, J. R. Vermelho, só Papai Noel. *Exame*, São Paulo, ano 35, n. 24, p. 40–43, 28 nov. 2001.

Matéria de jornal assinada:
VIEIRA, F. Na última hora, Argentina para dívida. *Folha de S. Paulo*, São Paulo, 15 dez. 2001. p. B-1.

Matéria de jornal não assinada:
POLICIAIS acusados de tráfico são presos. *Folha de S. Paulo*, São Paulo, 15 dez. 2001. p. C-1.

Tese ou dissertação:
CONCEIÇÃO, J. J. *As industriais do ABC no olho do furacão*. 2001. Dissertação (Mestrado em Administração) – Centro Universitário Municipal de São Caetano do Sul, São Caetano do Sul, 2001.

Documento eletrônico:
CONSELHO NACIONAL DE ÉTICA PARA AS CIÊNCIAS DA VIDA. *Reflexão ética sobre a dignidade humana.* Lisboa, 5 jan. 1999. Disponível em: http://www.cnecv.gov.pt/pdfs/dighum.pdf. Acesso em: 26 set. 2000.

Filmes e vídeos:
BREAKING bad: the complete second season. Creator and executive produced by Vince Gilligan. Executive Producer: Mark Johnson. Washington: Sony Pictures, 2009. 3 discos blu-ray (615 min).
BOOK. [*S.l.: s.n.*], 2010. 1 vídeo (3 min). Publicado pelo canal Leerestademoda. Disponível em: www.youtube.com/watch?v=iwPj0qgvfls. Acesso em: 20 ago. 2011.

Evento:
GUNCHO, M. R. A educação à distância e a biblioteca universitária. In: SEMINÁRIO DE BIBLIOTECAS UNIVERSITÁRIAS, 10., 1998. Fortaleza. *Anais.* [...] Fortaleza: Tec Treina, 1998. 1 CD-ROM.

Twitter:
OLIVEIRA, J. P. M. *Repositório digital da UFRGS é destaque em ranking internacional.* Maceió, 19 ago. 2011. Twitter: @biblioufal. Disponível em: http://twitter.com/#!/biblioufal. Acesso em: 20 ago. 2011.

Wikipedia:
LAPAROTOMIA. *In*: WIKIPEDIA. [2010]. Disponível em: http://en.wikipedia.org/wiki/Laparotomia. Acesso em: 18 mar. 2010.

Com base nos parâmetros indicados pela ABNT NBR 6023, é possível relacionar algumas recomendações básicas para a elaboração de uma referência, começando pela especificação dos elementos obrigatórios. Também é importante considerar a menção a elementos opcionais, conforme detalhado a seguir (SEVERINO, 2007).

Os elementos esssenciais estão totalmente vinculados ao suporte do documento, e podem variar conforme o tipo (papel, eletrônico...). Todos os elementos são retirados do próprio documento e devem refletir os seus dados. Muitas vezes é necessário a busca dessas informações em outras fontes de informação, e para isso utiliza-se os colchetes (ABNT, 2018).

Uma referência deve conter os seguintes dados: autor, título do documento, edição, local da publicação, editora e data. Esses são os elementos mais importantes e essenciais. Mas uma referência pode conter ainda elementos complementares e opcionais, que são aqueles que caracterizam melhor o documento que integra uma bibliografia, como: indicação de responsabilidade (organização, tradução, revisão), descrição física do documento (número de páginas, ilustrações, tamanho, etc.), indicação de série ou de coleção, notas especiais, número de registro de ISSN ou de ISBN. Desse modo, o pesquisador, ao elaborar as suas referências, deve ter cuidado para que todos os elementos essenciais estejam contidos nelas. Fica a seu critério se vai ou não acrescentar elementos complementares.

Note que, nos exemplos apresentados, o sobrenome do autor e o título do documento têm um destaque gráfico: o sobrenome do autor abre a referência redigido em letras maiúsculas ou caixa-alta, enquanto o título principal é apresentado em itálico. O título da publicação pode ainda receber um destaque mediante o uso de um recurso tipográfico diferenciado (negrito, itálico ou grifo), ficando a escolha a critério do autor. Contudo, uma vez definida a utilização de tal destaque, ele deve ser mantido uniforme em todas as referências. Também não há necessidade de recuo nas linhas da referência posteriores à primeira, mantendo-se o mesmo alinhamento da primeira linha. Apenas a separação entre os títulos é que deve ser feita com um espaço maior.

Você também pode perceber nos exemplos que os elementos formadores da referência são separados por sinais de pontuação específicos: o sobrenome de entrada do autor é separado dos demais elementos de seu nome completo por vírgula; o nome completo do autor é separado do título do documento por ponto-final; o subtítulo é separado do título do documento por dois-pontos; o título é separado dos elementos seguintes por ponto-final; a editora é separada da cidade por dois-pontos. Além disso, todos os sinais de pontuação são seguidos de dois espaços vazios; datas e páginas ligam-se por hífen; e os elementos de períodos cobertos por fascículo referenciado separam-se por barras transversais.

Quando um dos dados não é identificável no documento de origem, ele pode ser substituído pelas seguintes abreviações:

- [*S. l.*]. sem local de publicação
- [*s. n.*]. sem editor

Quando a data de publicação não é identificada diretamente, mas pode ser estimado por outros indícios, ela pode ser registrado na referência entre colchetes: por exemplo, [1990] quer dizer que o texto foi publicado nessa data, embora a informação não se encontre no lugar adequado. Se a data for apenas provável, acrescenta-se um sinal de interrogação: [1990?]. Se a data for aproximada, a indicação fica assim: [ca. 1993].

A maioria dos autores, ao tratar sobre a redação das referências, toma como base as recomendações da ABNT NBR 6023, cuja versão mais recente, no momento da elaboração do presente texto, é a versão publicada em 2018. Contudo, normas são documentos que passam por revisões e atualizações constantes, e, por isso, é recomendável estar atento às novas versões publicadas, e às modificações promovidas a cada nova edição.

As normas e recomendações aqui mencionadas seguem o padrão ABNT e podem sofrer alterações motivadas por adequações demandadas por instituições de ensino e pesquisa. Quando isso ocorre, é necessário que o pesquisador indique de forma clara qual adequação foi feita, por quem e quando. Além do que você viu até aqui, ainda é necessário abordar a segunda situação comentada ao início desta seção do capítulo. Agora você vai ver o que acontece se a palavra "adequar" tiver o sentido de "adaptar".

Quando você realiza uma pesquisa científica, busca referências para fundamentar suas ideias e embasar seus argumentos, dando sustentação à pesquisa e aos resultados obtidos por meio dela. Nessa busca, você traz para dentro do seu texto não apenas partes da produção de outros autores, mas principalmente suas ideias e conclusões. Assim, você deve tomar o cuidado de preservar tais informações, mantendo as intenções pretendidas pelos autores consultados.

Ao citar autores em um texto, você menciona as obras deles para esclarecer, comentar ou provar algo. Como você já viu, as citações podem ser diretas ou indiretas. No primeiro caso, as palavras são transpostas para o novo texto tal como se apresentam na fonte, sem alterações. No segundo caso, embora se mantenha, o conteúdo do texto original é escrito com outras palavras, por meio de paráfrase. A paráfrase corresponde a uma transcrição livre do texto consultado, ou seja, consiste em produzir um novo texto em que a unidade discursiva seja semanticamente equivalente à contida em outro texto produzido anteriormente. Assim, embora as palavras sejam diferentes, o sentido é preservado.

Isso pode ser útil em várias situações, por exemplo, em textos em que as informações são complexas, o que pode dificultar o entendimento, sendo a paráfrase uma forma de "traduzir" o texto para uma linguagem mais acessível. Contudo, com essa tradução, ocorre uma diluição do conhecimento, o que pode provocar alguma perda, por isso é preciso ter cuidado para preservar a ideia original. Desse modo, a paráfrase permite o desenvolvimento de um texto, o comentário, a explicitação, podendo se apresentar de diferentes formas (KÖCHE; BOFF; PAVANI, 2015; MARTINS; THEÓPHILO, 2017; MEDEIROS, 2014). Veja a seguir.

- **Reprodução:** tradução livre que implica reescrever um texto por meio da substituição de palavras por outras de sentido equivalente, o que leva à repetição, com palavras simples, mas próprias, do pensamento do texto original.

- **Comentário explicativo:** consiste na explanação de ideias, desenvolvendo conceitos, argumentando, buscando esclarecer tudo o que está mais ou menos obscuro. Não se trata de usar muitas palavras quando poucas são suficientes, mas de ampliar ideias para que o texto se torne claro, incisivo, evidente.
- **Resumo:** é uma apresentação sucinta e compacta de um texto, sintetizando e selecionando as ideias, ressaltando a progressão e a articulação delas. Um resumo deve conter as principais ideias do autor do texto. Com isso, abrevia o tempo dos pesquisadores e difunde informações de uma forma que influencia e estimula a consulta ao texto completo.
- **Desenvolvimento:** corresponde à amplificação das ideias de um texto, o que consiste em reescrevê-lo adicionando aspectos como exemplos, pormenores, comparações, contrastes, exposição de causas e efeitos e definição dos termos utilizados.
- **Paródia:** corresponde a uma composição literária que imita o tema ou a forma de uma obra séria, porém explorando-a por meio de aspectos cômicos ou satíricos.

Seja qual for a forma escolhida para adequar o texto da obra utilizada como referência, é de extrema importância que você faça tal adaptação com muito cuidado. Você deve garantir que as ideias e intenções do autor consultado sejam preservadas, para que o sentido daquilo que ele escreveu permaneça inalterado, embora apresentado com as suas próprias palavras. Além disso, você deve ainda atentar para que todos os autores consultados estejam indicados no texto, garantindo a concessão dos créditos devidos. Ainda é preciso listar esses autores na relação de referências bibliográficas de seu texto, o que deve ser feito conforme as recomendações das normas aplicáveis, de forma que as referências estejam adequadas ao contexto da produção científica.

 **Referências**

ASSOCIAÇÃO BRASILEIRA DE NORMAS TÉCNICAS. *ABNT NBR 10520*. Informação e documentação –Informação e documentação - Citações em documentos - Apresentação. Rio de Janeiro: ABNT, 2002.

ASSOCIAÇÃO BRASILEIRA DE NORMAS TÉCNICAS. *ABNT NBR 6023*. Informação e documentação –Informação e documentação - Referências - Elaboração. Rio de Janeiro: ABNT, 2018.

AQUINO, I. S. *Como escrever artigos científicos:* sem "arrodeio" e sem medo da ABNT. São Paulo: Saraiva, 2010.

BARROS, A. J. S.; LEHFELD, N. A. S. *Fundamentos de metodologia científica*. 3. ed. São Paulo: Pearson, 2007.

CERVO, A. L.; BERVIAN, P. A.; SILVA, R. *Metodologia científica*. 6. ed. São Paulo: Pearson, 2007.

GIL, A. C. *Como elaborar projetos de pesquisa*. 5. ed. São Paulo: Atlas, 2010.

HERNÁNDEZ SAMPIERI, R.; FERNÁNDEZ COLLADO, C.; BAPTISTA LUCIO, P. *Metodologia de pesquisa*. 5. ed. Porto Alegre: AMGH, 2017.

KÖCHE, V. S.; BOFF, O. M. B.; PAVANI, C. F. *Prática textual:* atividades de leitura e escrita. 11. ed. Petrópolis: Vozes, 2015

MARCONI, M. A.; LAKATOS, E. M. *Fundamentos de metodologia científica*. 6. ed. São Paulo: Atlas, 2005.

MARCONI, M. A.; LAKATOS, E. M. *Metodologia do trabalho científico*. 8. ed. São Paulo: Atlas, 2017.

MARTINS, G. A.; THEÓPHILO, C. R. *Metodologia da investigação científica para ciências sociais aplicadas*. 3. ed. São Paulo: Atlas, 2017.

MASCARENHAS, S. A. *Metodologia científica*. São Paulo: Pearson, 2012.

MEDEIROS, J. B. *Redação científica:* a prática de fichamentos, resumos, resenhas. 12. ed. São Paulo: Atlas, 2014.

MEDEIROS, J. B.; TOMASI, C. *Redação de artigos científicos:* métodos de realização, seleção de periódicos, publicação. São Paulo: Atlas, 2016.

SEVERINO, A. J. *Metodologia do trabalho científico*. 23. ed. Rio de Janeiro: Cortez, 2007.

USP. *Guia de apresentação de teses*. 2. ed. atual. São Paulo: USP, 2017. Disponível em: http://www.biblioteca.fsp.usp.br/~biblioteca/guia/i_cap_04.htm. Acessado em: 11 maio 2019.

Leituras recomendadas

ASSOCIAÇÃO BRASILEIRA DE NORMAS TÉCNICAS. *ABNT NBR 14724*. Informação e documentação – Trabalhos acadêmicos — Apresentação. Rio de Janeiro: ABNT, 2012.

IBGE. *Normas de apresentação tabular*. Rio de Janeiro: IBGE, 1993. Disponível em: https://biblioteca.ibge.gov.br/index.php/biblioteca-catalogo?view=detalhes&id=223907. Acesso em: 11 maio 2019.

Tipos de pesquisa

Objetivos de aprendizagem

Ao final deste texto, você deve apresentar os seguintes aprendizados:

- Identificar os enfoques de pesquisa e seus processos.
- Descrever formas de pesquisa.
- Explicar a pesquisa quanto aos seus objetivos.

Introdução

A necessidade de informação é infinita. Tudo o que foi construído até agora, em todas as áreas de conhecimento, surgiu da dúvida. É a dúvida que origina o questionamento, e é pesquisando e construindo conhecimento que se pode saciar a necessidade de informação.

Os objetivos de uma pesquisa são variados: observar um fenômeno, gerar novas ideias, conhecer fatos, proporcionar avanços para a ciência, entre muitas outras possibilidades. Neste capítulo, você vai explorar o mundo da pesquisa, identificando os seus enfoques e os seus processos.

Enfoques de pesquisa e seus processos

As pessoas pesquisam por muitos motivos. De acordo com Gil (2017), o motivo da pesquisa pode ser: de ordem intelectual, quando o pesquisador satisfaz seus próprios desejos ao estudar algo; e de ordem prática, quando o trabalho do pesquisador é de ordem mais ativa e a eficiência e a eficácia ganham mais destaque.

As pesquisas podem ser divididas, conforme seu enfoque, em dois tipos: pesquisa pura ou básica e pesquisa aplicada. Segundo Appolinário (2011, p. 146), a **pesquisa básica** tem como objetivo principal "[...] o avanço do conhecimento científico, sem nenhuma preocupação com a aplicabilidade imediata dos resultados a serem colhidos". Já a **pesquisa aplicada** é realizada com o intuito de "[...] resolver problemas ou necessidades concretas e imediatas" (APPOLINÁRIO, 2011, p. 146). No enfoque da pesquisa aplicada, ocorrem casos em que o problema da pesquisa faz parte do contexto profissional do pesquisador. Então, a pesquisa surge da necessidade de resolver tal problema. Muitas vezes, ela é sugerida pela própria instituição da qual o estudioso faz parte.

Gil (2017) define a pesquisa pura como um estudo que busca a ampliação dos conhecimentos sem se preocupar com benefícios. Por sua vez, a pesquisa aplicada seria voltada à aquisição de entendimentos com o objetivo de aplicá-los a uma situação específica. Muitos autores afirmam que um tipo de pesquisa tende a excluir o outro, pois seus objetivos são bem diferentes. Porém, Gil (2012, p. 27) afirma que a pesquisa aplicada apresenta muitos pontos de aproximação com a pesquisa pura, pois depende "[...] de suas descobertas e se enriquece com o seu desenvolvimento". A diferença é que a pesquisa aplicada se interessa pela aplicação prática dos conhecimentos gerados.

As pesquisas são divididas, conforme sua abordagem, em quantitativa, qualitativa e quantiqualitativa (mista). Porém, elas têm características bem semelhantes na espinha dorsal de desenvolvimento. Todas realizam observação e avaliação de fenômenos e, a partir disso, criam suposições que podem ser comprovadas ou não nas análises dos dados. Além disso, todas propõem novas conclusões a partir de suas descobertas. Como você pode imaginar, existe sempre um grande debate relacionado ao melhor método a ser utilizado. O que você deve considerar é que cada tipo de pesquisa envolve uma abordagem diferente. A seguir, você vai conhecer melhor as pesquisas quantitativa, qualitativa e quantiqualitativa.

Pesquisa quantitativa

Appolinário (2011, p. 150) afirma que, na pesquisa quantitativa, "[...] variáveis predeterminadas são mensuradas e expressas numericamente. Os resultados também são analisados com o uso preponderante de métodos quantitativos, por exemplo, estatístico". Ou seja, a quantificação, a análise e a interpretação dos dados e resultados ocorre por meio da estatística.

O enfoque quantitativo segue uma sequência e tem algumas características específicas, de acordo com Hernández Sampieri, Fernández Collado e Baptista Lucio (2013). Veja a seguir.

1. Ideia e formulação do problema
2. Revisão da literatura e desenvolvimento do marco teórico
3. Visualização do alcance do estudo
4. Elaboração de hipóteses e definição de variáveis
5. Desenvolvimento do desenho de pesquisa
6. Definição e seleção da amostra

7. Coleta de dados
8. Análise dos dados
9. Elaboração do relatório de resultados

A pesquisa quantitativa pode ser utilizada em diversas situações, pois busca descrever significados diretamente a partir da análise de dados brutos e objetivos. Ela utiliza instrumentos de coleta de dados estruturados, como questionários, para fazer a captação de dados, que são generalizados de uma amostra para toda uma população estudada.

Pesquisa qualitativa

A pesquisa qualitativa é um tipo de investigação voltado para as características qualitativas do fenômeno estudado, considerando a parte subjetiva do problema. Ela se preocupa com aspectos da realidade que não podem ser quantificados, centrando-se na compreensão e na explicação da dinâmica das relações sociais (GERHARDT; SILVEIRA, 2009).

Em vez da solidez da pesquisa quantitativa, esse tipo de abordagem traz a preocupação com a subjetividade, no sentido da relação direta do pesquisador com o objeto estudado. Conforme Creswell (2010, p. 211), "[...] a pesquisa qualitativa é uma pesquisa interpretativa, com o investigador tipicamente envolvido em uma experiência sustentada e intensiva com os participantes".

A pesquisa qualitativa é altamente conceitual. Seus dados são coletados diretamente no contexto natural e nas interações sociais que ocorrem. Além disso, eles são analisados diretamente pelo pesquisador. Nessa abordagem, a preocupação é com o fenômeno (APPOLINARIO, 2011). Fazendo um contraponto com a pesquisa quantitativa, a qualitativa está focada: "No universo de significados, motivos, aspirações, crenças, valores e atitudes, o que corresponde a um espaço mais profundo das relações, dos processos e dos fenômenos que não podem ser reduzidos à operacionalização de variáveis" (MINAYO, 2001, p. 15).

Fique atento

Conforme Gray (2012) e Flick (2009), os dados qualitativos são abertos a múltiplas interpretações e podem incluir as vozes tanto dos pesquisados quanto do pesquisador. Este tem um papel muito ativo no desenvolvimento da pesquisa, pois suas impressões perpassam toda a coleta e a análise dos dados.

Em síntese, a pesquisa qualitativa apresenta as seguintes características: o ambiente nativo é a fonte de obtenção dos dados; o pesquisador é considerado o instrumento principal de coleta de dados; a pesquisa usa processos de detalhamentos da realidade observada e busca o sentido das situações e seus impactos para o grupo pesquisado. Na Figura 1, a seguir, você pode ver os processos da pesquisa qualitativa. Observe que algumas das fases apresentam setas duplas, demonstrando que o processo não é linear.

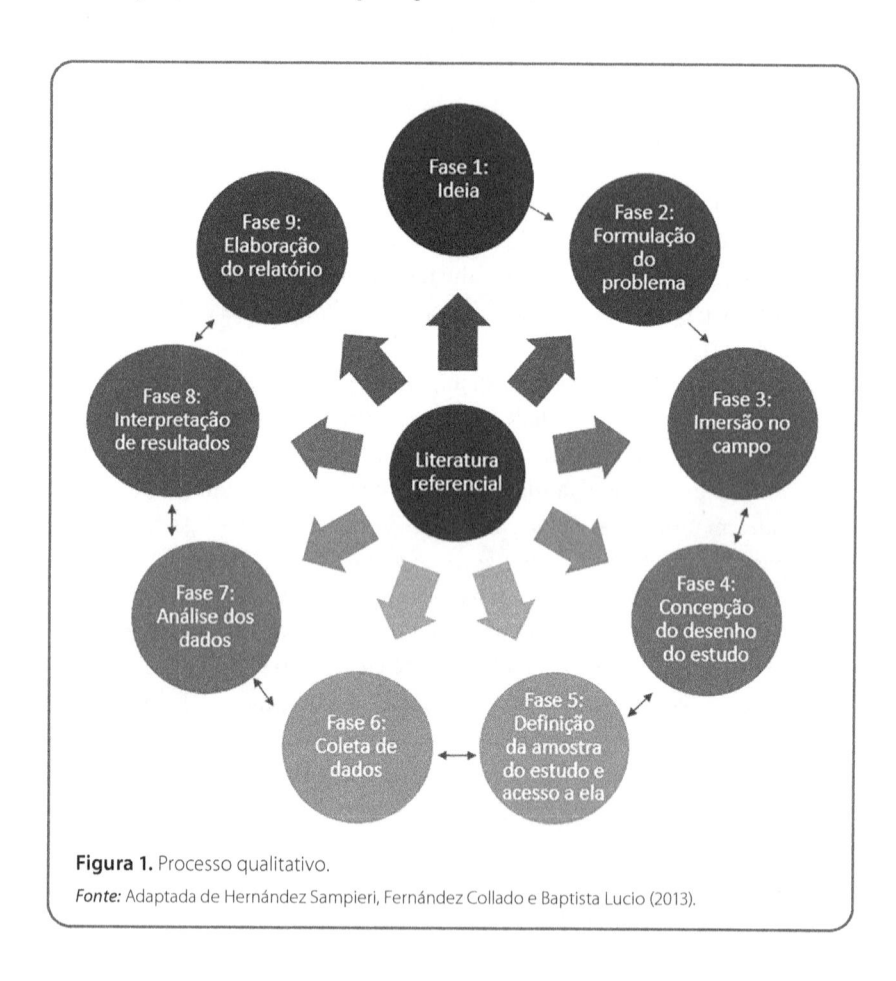

Figura 1. Processo qualitativo.

Fonte: Adaptada de Hernández Sampieri, Fernández Collado e Baptista Lucio (2013).

A pesquisa qualitativa permite que o pesquisador se questione durante todo o processo. Ele pode desenvolver perguntas e hipóteses durante a coleta e a análise dos dados. Esse tipo de pesquisa busca principalmente "[...] a dispersão ou expansão dos dados e da informação, enquanto o enfoque quantitativo pretende intencionalmente delimitar a informação (medir com precisão as variáveis do estudo)" (HERNÁNDEZ SAMPIERI; FERNÁNDEZ COLLADO; BAPTISTA LUCIO, 2013, p. 35).

A pesquisa quantitativa se baseia em outras pesquisas e em estudos prévios, enquanto a qualitativa se fundamenta em si mesma. A primeira é utilizada para consolidar crenças e estabelecer padrões de comportamento em uma população, e a segunda, para construir conceitos próprios sobre o fenômeno estudado. Apesar das diferenças, numa pesquisa pode-se utilizar ambas as categorias de pesquisa. É a chamada pesquisa mista, que você vai conhecer a seguir.

Pesquisa mista

A pesquisa mista contém o método quantitativo e o método qualitativo. Creswell e Clark (2013) afirmam que muitas definições já foram cunhadas para esse método de pesquisa: todas sempre afirmam que a pesquisa aborda tantos valores filosóficos quanto métodos de investigação objetivos.

A utilização da pesquisa mista é vantajosa quando os problemas da pesquisa são complexos e as outras abordagens não fornecem as respostas necessárias. Uma pesquisa interdisciplinar, por exemplo, reúne pesquisadores de várias áreas e com interesses metodológicos diferentes. Isso resulta na necessidade de aplicar métodos mistos de pesquisa, pois seu uso proporciona maior compreensão dos fatos (CRESWELL, 2010). A seguir, veja as fases da elaboração de uma pesquisa com método misto (CRESWELL; CLARK, 2013):

1. coletar e analisar rigorosamente os dados quantitativos e qualitativos;
2. integrar os dois tipos de dados ao mesmo tempo, combinando-os;
3. priorizar uma ou ambas as formas de dados, conforme o que a pesquisa enfatiza;
4. usar esses procedimentos em um único estudo ou em múltiplas fases de um programa de estudo;
5. estruturar os procedimentos de acordo com as visões de mundo;
6. combinar os procedimentos em projetos de pesquisa específicos que direcionam o plano para a condução do estudo.

Os fios condutores dessa abordagem devem ser conectados conforme os interesses da pesquisa. A ideia é que eles sirvam como ponte para que os pesquisadores, na união das metodologias da pesquisa, consigam representar os dados corretamente. A escolha do método misto se justifica quando os problemas da pesquisa não são respondidos por apenas um método. Nesses casos, há a necessidade de tratamento tanto teórico quanto estatístico.

As pesquisas são processos muito variáveis e se adaptam às necessidades do pesquisador. Contudo, talvez nenhum método se adeque 100% à investigação necessária. Cabe ao pesquisador fazer as adaptações exigidas. A seguir, você vai ver mais uma faceta das pesquisas: as formas que elas podem assumir para contemplar a sua metodologia de execução.

Link

Confira o artigo de João Luís Guedes dos Santos *et al.* "Integração entre dados quantitativos e qualitativos em uma pesquisa de métodos mistos", disponível no *link* a seguir.

https://qrgo.page.link/MsaqW

Formas de pesquisa

As pesquisas podem ser divididas quanto aos meios que utilizam em sua execução, assumindo diferentes formatos. Na metodologia científica, existem pesquisas com foco experimental, foco não experimental e pesquisas *ex-post-facto*, que se diferem principalmente em relação à escolha do objeto de investigação e ao fato de esse objeto sofrer ou não impactos com a aplicação de variáveis.

Pesquisa experimental

A pesquisa experimental é determinada pela escolha do objeto de investigação. Você pode definir variáveis (atributos do objeto que podem ser medidos e numerados) que sejam capazes de influenciar o objeto, estabelecer os formatos de controle e observar os efeitos que cada variável produz.

Esse tipo de delineamento divide os participantes da pesquisa em grupo experimental e grupo de controle. A inclusão em um ou outro grupo é feita por distribuição aleatória. Essa divisão tem o objetivo de compor grupos semelhantes para que possíveis fatores que possam confundir a interpretação dos resultados se distribuam igualmente (GIL, 2017).

A pesquisa experimental pode ser desenvolvida em laboratório (onde o meio ambiente criado é artificial) ou no campo (onde são criadas as condições de manipulação dos sujeitos nas próprias organizações, comunidades ou grupos) (GERHARDT; SILVEIRA, 2009).

Pesquisa não experimental

Ao contrário da pesquisa experimental, essa forma de pesquisa não possui variáveis. Em vez disso, o pesquisador observa o contexto diretamente. O pesquisador não pode controlar ou alterar os sujeitos da pesquisa; ele se baseia simplesmente nas observações para chegar a conclusões para a investigação (GIL, 2017).

Pesquisa *ex-post-facto*

Esse tipo de pesquisa se caracteriza "a partir do fato passado". Ela verifica as consequências de um fato sobre um objeto depois que tal fato aconteceu. O fato é algo que não pode ser mudado e que é passível de ser comparado com outra variável. Os objetivos da pesquisa são investigar relações de causa e efeito fazendo o caminho contrário: por meio dos dados, observam-se as consequências (APPOLINÁRIO, 2011).

A pesquisa *ex-post-facto* recebe os dados prontos e não pode manipular as variáveis, pois lida com dados como sexo, classe social, nível intelectual, etc. Ela é bastante utilizada nas pesquisas em ciências sociais, pois permite a investigação de dados econômicos e sociais específicos. Um exemplo de pesquisa é a análise do impacto da construção de uma indústria em uma cidade após ela ter sido instalada. Nesse caso, a ideia é verificar o que o fato alterou na vida da comunidade.

Exemplo

Considere o atentado ao World Trade Center, em Nova Iorque. Qual foi o impacto que o ataque terrorista causou em toda a nação norte-americana e também no mundo? Pesquisas feitas após a ocorrência do fato, ou seja, *ex-post-facto*, buscam identificar mudanças de comportamento após o acontecimento de um fenômeno.

No Quadro 1, a seguir, você pode ver a definição e um exemplo de cada um dos três tipos de pesquisa.

Quadro 1. Tipos de pesquisa e exemplos

	Pesquisa experimental	Pesquisa não experimental	Pesquisa *ex-post-facto*
Definição	Pesquisa com manipulação de variáveis sobre o objeto pelo pesquisador.	Pesquisa com observação de fenômenos sem a intromissão do pesquisador.	Pesquisa que busca entender os efeitos após os fatos.
Exemplo	Análise do comportamento da cobaia X após a aplicação de um novo medicamento para a Aids.	Pesquisa sobre o comportamento do macaco-prego por meio da observação de sua rotina na natureza.	Pesquisa sobre os efeitos psicológicos e socioeconômicos da implantação de uma hidrelétrica perto de uma população ribeirinha.

As pesquisas experimental, não experimental e *ex-post-facto* consideram a existência ou não de variáveis. No item a seguir, você vai ver como as pesquisas são classificadas quanto aos seus objetivos de execução.

Objetivos de pesquisa

Depois de definir o seu objeto de estudo, você deve escolher que tipo de pesquisa vai utilizar para atender aos seus objetivos. É possível optar por pesquisas exploratórias, descritivas, explicativas e correlacionais. Veja a seguir.

Pesquisa exploratória

O objetivo de uma pesquisa exploratória é estudar um assunto ainda pouco explorado para proporcionar uma visão geral do fato. De acordo com Gil (2012, p. 27), "As pesquisas exploratórias têm como principal finalidade desenvolver, esclarecer e modificar conceitos e ideias, tendo em vista a formulação de problemas mais precisos ou hipóteses pesquisáveis para estudos posteriores".

O intuito da pesquisa exploratória é conhecer profundamente o assunto em questão. Assim, o pesquisador estará apto a construir hipóteses sobre tal assunto, aumentando o nível de compreensão acerca dele. Normalmente, as pesquisas exploratórias constituem a primeira etapa de uma pesquisa mais ampla. Afinal, quando o assunto abordado é bastante genérico, é necessário fazer delimitações e outros tipos de procedimentos.

Pesquisa descritiva

O objetivo básico desse tipo de pesquisa é a descrição das características do assunto estudado. O pesquisador pode estabelecer relações entre as variáveis. Conforme Gil (2012, p. 28), alguns tipos de pesquisas descritivas "[...] vão além da identificação da existência de relações entre as variáveis, pretendendo determinar a natureza dessa relação". Conforme o autor, as pesquisas descritivas são bastante utilizadas quando o pesquisador quer estudar as características de um grupo específico, como distribuição por idade, sexo, nível de escolaridade, renda, estado de saúde, etc.

A pesquisa descritiva objetiva reunir e analisar muitas informações sobre o assunto estudado. Ela tem como principal diferença em relação à pesquisa exploratória o fato de o assunto já ser conhecido. Assim, o pesquisador pode proporcionar novas visões sobre uma realidade já mapeada.

Pesquisa explicativa

Esse tipo de pesquisa tem como objetivo central identificar os fatores que determinam ou contribuem para a ocorrência de determinado fato. A pesquisa explicativa é o tipo de abordagem que mais aprofunda o conhecimento da realidade, já que busca explicar por que os fenômenos ocorrem. Portanto, é o tipo de pesquisa que mais cria hipóteses acerca do objeto em questão, sendo passível de grande número de erros. Mesmo assim, a contribuição da pesquisa explicativa é muito significativa devido à sua aplicação prática. Esse tipo de pesquisa é mais usado nas ciências físicas e naturais (GIL, 2012).

Pesquisa correlacional

É o tipo de pesquisa que investiga as relações entre variáveis, exceto a relação de causa e efeito. A investigação das relações entre fatores é descritiva porque não existe uma manipulação de variáveis; a previsão do tipo de relação é mais usualmente estabelecida pelos pesquisadores. Quando as relações entre as variáveis são identificadas, diz-se que elas estão correlacionadas (APPOLINÁRIO, 2011). A pesquisa correlacional busca traçar relações entre as variáveis com o objetivo de criar associações entre elas.

Link

Confira o artigo de Fernanda de Vargas *et al.* "Depressão, ansiedade e psicopatia: um estudo correlacional com indivíduos privados de liberdade", disponível no *link* a seguir.

https://qrgo.page.link/mFx5B

Durante a elaboração da pesquisa, é sempre importante retomar os processos se surgirem dúvidas. Construir e descontruir são ações que fazem parte da produção de novos conhecimentos, pois as estruturas estão sempre sendo questionadas. Como você viu, cada pesquisa apresenta formas, enfoques e objetivos específicos que atendem a diferentes necessidades e tipos de investigação. Assim, conhecer as pesquisas existentes é fundamental para a condução do processo metodológico do seu estudo.

Referências

APPOLINÁRIO, F. *Dicionário de metodologia científica*. 2. ed. São Paulo: Atlas, 2011.

CRESWELL, J. W. *Projeto de pesquisa:* métodos qualitativo, quantitativo e misto. 3. ed. Porto Alegre: Artmed, 2010.

CRESWELL, J. W.; CLARK, V. L. *Pesquisa de métodos mistos*. 2. ed. Porto Alegre: Penso, 2013.

FLICK, U. *Introdução à pesquisa qualitativa*. 3. ed. Porto Alegre: Artmed, 2009.

GERHARDT, T. E.; SILVEIRA, D. T. *Métodos de pesquisa*. Porto Alegre: UFRGS, 2009.

GRAY, D. E. *Pesquisa no mundo real*. 2. ed. Porto Alegre: Penso, 2012.

GIL, A. C. *Como elaborar projetos de pesquisa*. 6. ed. Rio de Janeiro: Atlas, 2017.

GIL, A. C. *Métodos e técnicas de pesquisa social*. 6. ed. São Paulo: Atlas, 2012.

HERNÁNDEZ SAMPIERI, R.; FERNÁNDEZ COLLADO, C.; BAPTISTA LUCIO, M. del P. *Metodologia de pesquisa*. 5. ed. Porto Alegre: Penso, 2013.

MINAYO, M. C. S. (org.). *Pesquisa social:* teoria, método e criatividade. Petrópolis: Vozes, 2001.

Leituras recomendadas

SANTOS, J. L. G. *et al.* Integração entre dados quantitativos e qualitativos em uma pesquisa de métodos mistos. *Texto Contexto Enfermagem,* v. 26, n. 3, 2017. Disponível em: http://www.scielo.br/pdf/tce/v26n3/0104-0707-tce-26-03-e1590016.pdf. Acesso em: 3 junho 2019.

VARGAS, F. *et al.* Depressão, ansiedade e psicopatia: um estudo correlacional com indivíduos privados de liberdade. *Jornal Brasileiro de Psiquiatria*, v. 64, n. 4, 2015. Disponível em: http://www.scielo.br/pdf/jbpsiq/v64n4/0047-2085-jbpsiq-64-4-0266.pdf. Acesso em: 3 junho 2019.

Introdução ao método de pesquisa

Introdução

Para elaborar uma pesquisa científica, você deve seguir o método científico. Assim, seu trabalho terá o rigor e as propriedades necessárias para ser considerado científico. Contudo, o método científico possui particularidades, como a existência de diferentes métodos de pesquisa, que vão desde os clássicos até os contemporâneos. Por isso, além de conhecer as características de sua pesquisa, você também precisa conhecer os diferentes métodos de pesquisa existentes. A ideia é que você consiga avaliar e escolher aquele que melhor serve aos propósitos do seu trabalho.

Neste capítulo, você vai verificar a importância do método científico para a realização de uma pesquisa. Você também vai conhecer os diferentes métodos de pesquisa existentes. Ao final, você deve ser capaz de diferenciar as abordagens dos métodos de pesquisa clássicos e ainda reconhecer os demais métodos.

A importância do método científico

Todos os ramos de estudo utilizam algum tipo de método. As ciências, como um todo, possuem como característica fundamental a utilização do método científico. Em síntese, tal utilização não é exclusividade da ciência, mas não existe ciência sem ela (MARCONI; LAKATOS, 2017). De modo geral, o

método é o caminho pelo qual se chega a determinado resultado. Ou melhor: o método indica como o pesquisador deve proceder ao longo do caminho para obter o resultado pretendido. Para tanto, o método se apresenta como um conjunto de processos ordenado, regular, explícito e passível de repetição que deve ser seguido em uma investigação para que ela seja capaz de atingir dado fim (MARCONI; LAKATOS, 2017; MATIAS-PEREIRA, 2016).

No contexto da ciência, o método consiste em uma combinação de procedimentos por meio dos quais problemas científicos são propostos e colocados à prova. Ele ajuda a compreender a investigação e seus resultados; assim, permite demonstrar a verdade. Em outras palavras, o **método científico** é a sequência de operações realizadas com a intenção de alcançar certo resultado, sendo um modo sistemático e ordenado de pensar e investigar, formando um conjunto de procedimentos que permitem alcançar a verdade científica.

Assim, o método científico conduz o estudo ao encontro de seus objetivos, facilitando a apresentação do problema científico que a pesquisa pretende investigar, bem como a comprovação (ou refutação) das hipóteses propostas por ela. Afinal, uma hipótese consiste em uma resposta suposta, provável e provisória para o problema apresentado. Para ser incorporada ao contexto da ciência, essa resposta precisa ser comprovada. Como você sabe, tal comprovação não pode ser singular, ou seja, outro pesquisador precisa ser capaz de chegar ao mesmo resultado se repetir os mesmos procedimentos — e isso é algo que o método científico oportuniza.

Desse modo, um método é utilizado quando se pretende converter uma consideração ideológica, filosófica ou literária em uma explicação científica. Ou seja, trata-se do critério para a obtenção do conhecimento científico, que é a própria lógica da investigação científica. Nesse sentido, o método científico pode ser compreendido como a teoria da investigação, que atinge seus objetivos de forma científica, dedicando-se ao cumprimento das seguintes etapas (MARCONI; LAKATOS, 2017; MATIAS-PEREIRA, 2016):

- descobrir um problema, uma lacuna, num conjunto de conhecimentos;
- apresentar o problema de forma precisa, seja ele novo ou antigo, à luz de novos conhecimentos;
- procurar conhecimentos ou instrumentos (como teorias, técnicas e dados empíricos) que auxiliem na solução do problema;
- buscar solução para o problema com a utilização dos meios identificados;
- promover novas ideias ou gerar novos dados empíricos;
- obter uma solução para o problema;
- investigar as consequências da solução obtida;

- comprovar a solução indicada;
- corrigir hipóteses, teorias, procedimentos ou dados empregados na obtenção da solução (no caso de ela se mostrar incorreta).

Para fazer ciência, é primordial utilizar métodos rigorosos. É dessa maneira que se atinge um conhecimento sistemático, preciso e objetivo. Ou seja, o método científico é um meio que busca alcançar um fim; é o percurso percorrido pelo cientista na busca pela produção de conhecimentos. Para direcionar o método e, consequentemente, as técnicas e procedimentos, cujo conjunto constitui a metodologia para alcançar os seus objetivos, cada ciência, em sua particularidade, define princípios filosóficos, lógicos, etc.

Assim, o método deve levar em consideração as concepções e os pressupostos epistemológicos e mesmo ontológicos da base científica da investigação que se deseja realizar. Nesse contexto, entram em cena procedimentos como: formação de conceitos e hipóteses, observação e medida, realização de experimentos, construção de modelos e de teorias, elaboração de explicações e predição.

Isso permite que o método seja entendido como o conjunto de procedimentos e técnicas utilizados de forma regular e passíveis de serem repetidos para se alcançar um objetivo material ou conceitual e para se compreender o processo de investigação. O método se apoia em procedimentos lógicos para alcançar uma verdade científica, ou seja, é o conjunto de procedimentos que ordenam o pensamento e esclarecem acerca dos meios adequados para se chegar ao conhecimento (CRESWELL, 2010; MATIAS-PEREIRA, 2016; SEVERINO, 2007).

 **Saiba mais**

Existem diferentes ramos da ciência que geram o conhecimento, assim como existem diferentes correntes filosóficas que promovem o estudo de diversos assuntos sob ângulos distintos. Então, cada ciência procura promover o conhecimento à sua maneira. Para isso, utiliza as correntes filosóficas como apoio, a fim de, por exemplo, estabelecer os métodos que vai utilizar.

Racionalismo e empirismo são exemplos clássicos de correntes filosóficas. Eles servem a diferentes ciências: o racionalismo (conhecimento vem do indivíduo, de dentro para fora), por exemplo, serve às ciências formais, como a matemática e a lógica. Já o empirismo (conhecimento vem da experiência, de fora para dentro) serve às ciências factuais, como as ciências naturais e as sociais.

Como você viu, o método é um fator fundamental para a atividade científica. Em síntese, essa atividade tem como finalidade a obtenção de conhecimento válido e verdadeiro, por meio da comprovação de hipóteses que conectam a observação da realidade à teoria científica, permitindo explicar a primeira. O método, por sua vez, é o conjunto de atividades sistemáticas e racionais que permitem que a ciência atinja seu objetivo com maior segurança e economia, uma vez que auxilia o cientista, indicando o caminho a ser seguido, detectando erros e ajudando em suas decisões (MARCONI; LAKATOS, 2017; MATIAS--PEREIRA, 2016).

Contudo, não há somente um método científico. Na verdade, existem inúmeros métodos da ciência. Alguns, por exemplo, baseiam-se na lógica, buscando conclusões ou deduções a partir de hipóteses, ou definindo as implicações lógicas de relações causais em termos de condições necessárias ou suficientes. Outros métodos são empíricos, como os que trabalham com experiências controladas, ou aqueles que projetam instrumentos que serão utilizados nas coletas de dados ou observações (MATIAS-PEREIRA, 2016).

A realização de uma pesquisa tem o propósito de promover uma investigação, que pode servir às mais diversas áreas do conhecimento, como ciências naturais e humanas, ciências sociais, política e medicina, etc. Os métodos de pesquisa, por sua vez, são os possíveis caminhos a serem percorridos pelo pesquisador para obter respostas aos questionamentos traçados para a investigação proposta.

O emprego de um método promove a utilização de técnicas e normas específicas. Além disso, o rigor na aplicação impacta diretamente a qualidade dos resultados da pesquisa executada. Contudo, para que a aplicação de um método propicie os efeitos esperados, não basta que ele seja aplicado com rigor; antes disso, o método precisa ser adequadamente selecionado, sendo apropriado à pesquisa que se pretende realizar (WALLIMAN, 2015).

 **Exemplo**

Considere a medicina e a relação entre as doenças e os medicamentos. Cada doença requer a administração de um tipo específico de medicamento para que o paciente possa se curar. Por melhor que seja o remédio, e por mais que o paciente cumpra rigorosamente a prescrição médica, de nada adiantará se o medicamento receitado não for adequado para a doença que se pretende tratar. O mesmo acontece com os métodos de pesquisa: por melhor que seja o método e por mais rigorosa que seja a sua aplicação, ele precisa ser adequado à pesquisa para gerar os efeitos desejados.

Além de reconhecer a importância do método para uma pesquisa científica, você precisa compreender que existem diferentes métodos e que é necessário escolher aquele que melhor atende aos seus propósitos de pesquisa. É isso que você vai ver a seguir (MATIAS-PEREIRA, 2016).

Métodos de pesquisa clássicos

Você já viu que existem diversos métodos disponíveis. Como pesquisador, você deve eleger aquele que melhor se conecta com os propósitos da sua pesquisa. Se necessário, você pode utilizar mais de um método. Entre os métodos, há aqueles integrantes da abordagem clássica, que proporcionam as bases lógicas da investigação, promovendo esclarecimentos acerca dos procedimentos a serem seguidos no processo de investigação científica.

Os métodos clássicos possuem como característica marcante um elevado grau de abstração e possibilitam ao pesquisador decidir acerca do alcance de sua investigação, das regras de explicação dos fatos e da validade de suas generalizações. Entre os métodos clássicos, estão os métodos: dedutivo, indutivo, dialético, hipotético-dedutivo e fenomenológico. Você vai conhecê-los melhor a seguir (GIL, 2017; MARCONI; LAKATOS, 2017; MATIAS-PEREIRA, 2016).

Fique atento

Além dos métodos clássicos de pesquisa, existem métodos integrantes de outras abordagens e que são utilizados em diferentes ciências. Considere, por exemplo, o método clínico, usado na área da saúde.

Método indutivo

O método indutivo é baseado na indução, um processo mental que se fundamenta em premissas, buscando permitir que, a partir de dados particulares (suficientemente constatados), se infira uma verdade geral e universal. Assim, no raciocínio indutivo, a generalização deriva de observações de casos da realidade concreta, e as constatações particulares levam à elaboração de generalizações.

Desse modo, o argumento indutivo busca conclusões mais amplas do que as premissas nas quais a pesquisa se baseia. O método indutivo considera que o conhecimento é fundamentado na experiência, não levando em conta princípios preestabelecidos. Contudo, é importante você notar que as premissas consideradas nese método levam a conclusões prováveis, não necessariamente verdadeiras — ou seja, são conclusões provavelmente verdadeiras (MARCONI; LAKATOS, 2017; MATIAS-PEREIRA, 2016).

Segundo o método indutivo, se você analisar três corvos e eles forem negros, provavelmente todo corvo seja negro. O exemplo permite perceber que no método indutivo, a partir de premissas decorrentes de fenômenos observados, é estabelecida uma conclusão para fenômenos não observados, indo do especial para o geral. Ou seja, faz-se uma generalização: quando uma relação entre duas propriedades ou fenômenos é descoberta, considera-se que essa relação é universal. O método indutivo é composto por três etapas (MARCONI; LAKATOS, 2017; MATIAS-PEREIRA, 2016):

- observação dos fenômenos;
- descoberta da relação entre eles;
- generalização da relação.

Essas etapas do método indutivo são baseadas em leis observadas na natureza, segundo as quais (MARCONI; LAKATOS, 2017):

- nas mesmas circunstâncias, as mesmas causas produzem os mesmos efeitos;
- o que é verdade para muitas partes suficientemente constatadas é verdade para o todo.

Contudo, alguns cuidados são necessários na utilização do método indutivo, a fim de evitar equívocos. Entre esses cuidados, estão (MARCONI; LAKATOS, 2017):

- certificar-se de que a relação que se pretende generalizar é verdadeiramente essencial;
- assegurar-se de que os fenômenos cuja relação se pretende generalizar são realmente idênticos;
- lembrar-se do aspecto quantitativo dos fenômenos.

Saiba mais

A indução pode ser feita de diferentes formas (como completa ou formal, incompleta ou científica). Cada uma delas segue regras específicas. Você pode saber mais em Marconi e Lakatos (2017, p. 44–46).

Método dedutivo

O método dedutivo pressupõe que só a razão é capaz de levar ao conhecimento verdadeiro, pois os fatos, por si só, não são fonte de todos os conhecimentos. O raciocínio dedutivo tem o objetivo de explicar o conteúdo das premissas e, por intermédio de uma cadeia de raciocínio em ordem descendente (da análise do geral para o particular), chegar a uma conclusão. Para tanto, utiliza o silogismo, construção lógica que, a partir de duas premissas, obtém uma terceira logicamente decorrente, denominada conclusão.

A dedução, por sua vez, consiste em um processo semelhante ao da indução: é baseada em premissas com a intenção de promover uma conclusão geral. Porém, há uma diferença importante no caso da dedução: ela leva a uma conclusão verdadeira, enquanto a indução conduz a uma conclusão provável (MARCONI; LAKATOS, 2017; MATIAS-PEREIRA, 2016).

Exemplo

Segundo o método dedutivo, se todo mamífero tem um coração e todos os cães são mamíferos, todos os cães têm coração. Se o mesmo fenômeno fosse estudado segundo o método indutivo, a conclusão seria conduzida da seguinte forma: todos os cães observados têm coração, logo todos os cães têm coração.

Para propor uma conclusão para o fenômeno estudado, o método dedutivo utiliza um argumento que é baseado em duas noções básicas (MARCONI; LAKATOS, 2017). Veja:

■ para que a conclusão gerada seja falsa, é necessário que uma ou todas as premissas consideradas sejam falsas;

▦ a conclusão gerada já estava contida nas premissas, ou seja, a informação contida nas premissas é reformulada ou enunciada de modo explícito e, assim, se as premissas forem verdadeiras, a conclusão também será.

Os argumentos dedutivos têm o propósito de explicitar o conteúdo das premissas, levando a uma conclusão verdadeira, que indicará se a relação entre os fenômenos estudados é correta ou incorreta, sem gradações intermediárias (MARCONI; LAKATOS, 2017).

Método hipotético-dedutivo

O **método hipotético-dedutivo** decorre dos métodos indutivos e dedutivos. Seus aspectos mais relevantes são dois: ele parte da observação de alguns fenômenos de determinada classe para abranger todos daquela mesma classe; e, com base nas generalizações aceitas do todo, de leis abrangentes, parte para casos concretos, componentes da classe que já se encontram na generalização.

Ou seja, enquanto a indução afirma que, em primeiro lugar, vem a observação dos fatos particulares e depois as hipóteses a confirmar, a dedução defende o aparecimento, em primeiro lugar, do problema e da conjectura, que serão testados pela observação e pela experimentação. Há, portanto, uma inversão de procedimentos, dando origem ao método hipotético-dedutivo (MARCONI; LAKATOS, 2017).

Em outras palavras, o método hipotético-dedutivo consiste na adoção da seguinte linha de raciocínio: quando os conhecimentos disponíveis sobre determinado assunto são insuficientes para a explicação de um fenômeno, surge o problema. Para tentar explicar as dificuldades expressas no problema, são formuladas conjecturas ou hipóteses. Das hipóteses formuladas, deduzem-se consequências que deverão ser testadas ou falseadas, sendo que falsear significa tornar falsas as consequências deduzidas das hipóteses. Enquanto no método dedutivo se procura a todo custo confirmar a hipótese, no método hipotético-dedutivo, ao contrário, procuram-se evidências empíricas para derrubá-la (MATIAS-PEREIRA, 2016).

Método dialético

O **método dialético** tem como base a dialética, que possui sua origem ainda na Grécia Antiga. Naquele contexto, o conceito de dialética era equivalente ao de diálogo, passando depois a referir-se, ainda dentro do diálogo, a uma argumentação que fazia clara distinção entre os conceitos envolvidos na discussão (MARCONI; LAKATOS, 2017).

Em outras palavras, na dialética as contradições se transcendem, dando origem a novas contradições que passam a requerer solução. Desse modo, o método dialético consiste em um método de interpretação dinâmica e totalizante da realidade. Ou seja, nele, os fatos não podem ser considerados fora de um contexto social, político, econômico, etc (MATIAS-PEREIRA, 2016).

Você ainda deve notar que o método dialético é baseado nas leis da dialética, que podem ser apresentadas de forma sintética nos seguintes itens (MARCONI; LAKATOS, 2017):

- ação recíproca, unidade polar ou "tudo se relaciona";
- mudança dialética, negação da negação ou "tudo se transforma";
- passagem da quantidade à qualidade ou mudança qualitativa;
- interpenetração dos contrários, contradição ou luta dos contrários.

Saiba mais

Você pode aprender mais sobre as leis da dialética em Marconi e Lakatos (2017, p. 76–81).

Método fenomenológico

O **método fenomenológico** não é dedutivo nem indutivo. Ele tem como preocupação central a descrição direta da experiência tal como ela é. A realidade é construída socialmente e entendida como o compreendido, o interpretado, o comunicado. Então, a realidade não é única: existem tantas quantas forem as suas interpretações e comunicações, sendo o homem reconhecidamente importante no processo de construção do conhecimento (MATIAS-PEREIRA, 2016).

Em outras palavras, o método fenomenológico se propõe a promover uma pesquisa voltada para a descrição da experiência vivida, expondo suas características empíricas e sua consideração no plano da realidade. Desse modo, busca descrever e interpretar os fenômenos que se apresentam à percepção, isto é, interpretar o mundo por meio da consciência do sujeito formulada com base em suas experiências.

O objeto do método fenomenológico é, portanto, o próprio fenômeno, tal como se apresenta à consciência, ou seja, o que aparece, e não o que se pensa ou se afirma a seu respeito. Para a fenomenologia, um objeto pode ser uma coisa concreta, mas também uma sensação, uma recordação, não importando se constitui uma realidade ou uma aparência (GIL, 2017).

Fique atento

Os métodos elencados são alguns entre os diversos disponíveis ao pesquisador, que deve escolher o adequado aos propósitos da sua pesquisa. Ou seja, existem ainda muitos outros que visam a atender a diferentes aspectos e que são aplicáveis a diferentes situações. A seguir, você vai conhecer melhor alguns outros métodos de pesquisa.

Demais métodos de pesquisa

Perceber a existência de um problema a ser resolvido é o primeiro passo para o desenvolvimento de uma pesquisa. O problema é que dá origem à questão de pesquisa, que é o ponto central do estudo. Por isso, ele deve ser apresentado e trabalhado em profundidade para que seja adequadamente entendido e resolvido. Desse modo, é preciso fragmentar o problema de pesquisa em partes menores. Isso permite analisá-lo melhor, avaliando-o sob diferentes ângulos, com base nos propósitos e nas dúvidas do pesquisador, buscando desenvolver questionamentos significativos, claros e exequíveis. A ideia não é antecipar respostas, e sim direcionar o caráter investigativo da pesquisa (DE SORDI, 2017).

Tais considerações sobre a questão de pesquisa permitem perceber a importância que tal questão possui para a execução do estudo e também para a definição dos métodos a serem empregados. Afinal, de acordo com os propósitos do estudo, o pesquisador deve escolher o método mais adequado para a pesquisa que pretende realizar. Nessa tarefa, um fator importante, que pode colaborar para tal escolha, é a questão de pesquisa.

O método de pesquisa, como você viu, auxilia o pesquisador na resolução de problemas. Ele implica uma forma de observar, classificar, demonstrar e interpretar fenômenos que possibilita a predição e a explicação das questões que o pesquisador se propôs a estudar. Assim, para a aplicação do método de pesquisa, é recomendável seguir os seguintes passos (MATIAS-PEREIRA, 2016):

- formular adequadamente as perguntas, criando campo para a pesquisa;
- arbitrar conjunturas ou hipóteses fundadas e contrastáveis com a experiência, para que se possa responder às perguntas;
- derivar consequências lógicas dessas conjunturas;
- arbitrar técnicas para submeter as hipóteses à verificação;
- submeter essa verificação às mesmas técnicas, para comprovar sua relevância e sua credibilidade;
- concluir as verificações, interpretando os seus resultados;
- estimar a veracidade das hipóteses e a fidedignidade das técnicas;
- determinar os domínios nos quais são válidas essas hipóteses e técnicas, formulando novos problemas que surgiram com a investigação.

Que relações é possível traçar entre os métodos de pesquisa e a pesquisa em si? Como os métodos podem auxiliar o pesquisador na resolução de suas questões, na verificação de suas hipóteses ou ainda no alcance de seus objetivos? A busca por respostas para esses questionamentos implica considerar que os métodos de pesquisa podem auxiliar na obtenção de novos conhecimentos. Nesse sentido, dependendo do objetivo que o pesquisador quer atingir, a pesquisa terá um viés voltado para uma das ações listadas a seguir (WALLIMAN, 2015).

- **Categorizar:** consiste em formar uma tipologia de objetos, eventos ou conceitos, isto é, formar conjuntos que classifiquem determinado grupo por características ou particularidades. Isso pode ser útil para explicar o que pertence a determinado conjunto e por quê.
- **Explorar:** por meio da pesquisa, pode-se analisar o tema em questão visando a um maior conhecimento ou à elaboração de hipóteses. Ao ter como objetivo a exploração, a pesquisa tende a ser mais flexível e a buscar possibilidades para lacunas investigadas.
- **Descrever:** permite a descrição de fenômenos e recorre à observação como um meio predominante para a coleta de dados. Tenta examinar situações de modo a estabelecer o que é padrão em determinado contexto, isto é, o que se pode prever que acontecerá sob as mesmas circunstâncias.
- **Explicar:** constitui um tipo de pesquisa projetada especificamente para tratar de questões complexas. Procura ir além da obtenção dos fatos, de modo a dar sentido às miríades de outros elementos envolvidos, como aspectos humanos, políticos, sociais, culturais e contextuais.

- **Avaliar:** os métodos favorecem a análise dos achados de forma que se possa conjecturar sobre possíveis resultados, seja em sentido absoluto ou em base comparativa, sempre levando em consideração o contexto e as intenções da pesquisa.
- **Comparar:** dois ou mais casos contrastantes podem ser examinados para destacar diferenças e similaridades entre eles, o que conduz a um melhor entendimento dos fenômenos.
- **Correlacionar:** as relações entre dois fenômenos são investigadas para verificar se (e como) eles influenciam um ao outro. A relação pode ser apenas uma conexão indireta entre os fenômenos, como a interferência de um no outro sem reciprocidade, ou uma conexão direta, quando um fenômeno causa o outro. Tais correlações são medidas como níveis de associação.
- **Predizer:** às vezes, isso é possível em áreas de pesquisa nas quais já se conhecem as correlações. As predições de comportamentos ou eventos são feitas na seguinte base: se houve, no passado, uma forte relação entre dois ou mais eventos ou características, então ela deve existir em circunstâncias semelhantes no futuro, conduzindo a resultados previsíveis.
- **Controlar:** pesquisar possibilita compreender determinado evento ou problema, facilitando o controle dos componentes em estudo, na medida em que se entendem as relações de causa e efeito.

Desse modo, as pesquisas podem ser classificadas por meio de critérios que estabelecem categorias. Se você tomar como critério o nível de profundidade do estudo, pode classificar as pesquisas como exploratória, descritiva e explicativa. Se levar em conta os procedimentos utilizados para a coleta de dados, as pesquisas podem ser associadas a dois grandes grupos: aquelas que se baseiam em fontes de "papel", como as pesquisas bibliográfica e documental, e aquelas cujas fontes de dados são pessoas, que incluem modalidades como o levantamento e os estudos. Estes, por sua vez, se subdividem em outras diversas categorias, como o estudo de caso e o estudo de campo, entre outros (GIL, 2017).

Saiba mais

Para aprender mais sobre a classificação de pesquisas, incluindo detalhes sobre as pesquisas exploratória, descritiva e explicativa, confira o capítulo 4 de Gil (2017).

As pesquisas de **levantamento** se caracterizam pela interrogação direta das pessoas cujo comportamento se deseja conhecer. Elas consistem basicamente na solicitação de informações a um grupo significativo de pessoas acerca do problema estudado. Em seguida, se obtêm as conclusões correspondentes aos dados coletados por meio de análise quantitativa. As pesquisas de levantamento costumam adotar procedimentos estatísticos a fim de selecionar uma amostra da população em estudo. Afinal, na maioria das vezes, não é possível coletar dados junto a todos os integrantes da população estudada. A ideia, portanto, é inferir sobre a população com base na amostra. Pesquisas para a verificação de votos, do comportamento do consumidor e do nível de renda e desemprego são exemplos práticos de levantamentos.

Já **estudos de campo** estão mais voltados ao aprofundamento das questões propostas do que à verificação da distribuição das características da população segundo determinadas variáveis. Esses estudos são focados em um único grupo, ressaltando a interação de seus componentes. Por isso, tendem a utilizar mais técnicas de observação do que técnicas de interrogação. Os **estudos de caso**, por sua vez, são caracterizados pelo estudo profundo e exaustivo de um ou de poucos objetos, de maneira a permitir um conhecimento mais amplo e detalhado a respeito deles. Tais estudos se constituem em estudos empíricos que investigam um fenômeno atual dentro do seu contexto.

Como você viu, cada um dos métodos se volta a determinados tipos de estudo. Além disso, os propósitos e as intenções de cada um deles estão intimamente conectados à questão de pesquisa, o que faz dela um elemento fundamental para a definição do método. Cabe a você, quando for realizar uma pesquisa, avaliar criteriosamente os métodos existentes, ao mesmo tempo em que avalia cuidadosamente a questão de pesquisa. Lembre-se também de levar em conta as suas intenções e os seus propósitos com o estudo a ser realizado.

 **Referências**

CRESWELL, J. W. *Projeto de pesquisa:* métodos qualitativo, quantitativo e misto. 3. ed. Porto Alegre: Artmed, 2010.

DE SORDI, J. O. *Desenvolvimento de projeto de pesquisa.* São Paulo: Saraiva, 2017.

GIL, A. C. *Como elaborar projetos de pesquisa.* 6. ed. São Paulo: Atlas, 2017.

MARCONI, M. A.; LAKATOS, E. M. *Metodologia científica.* 7. ed. São Paulo: Atlas, 2017.

MATIAS-PEREIRA, J. *Manual de metodologia da pesquisa científica.* 4. ed. São Paulo: Atlas, 2016.

SEVERINO, A. J. *Metodologia do trabalho científico.* 23. ed. São Paulo: Cortez, 2007.

WALLIMAN, N. *Métodos de pesquisa.* São Paulo: Saraiva, 2015.

Leituras recomendadas

FARIAS FILHO, M. C.; ARRUDA FILHO, E. J. M. *Planejamento da pesquisa científica.* 2. ed. São Paulo: Atlas, 2015.

KOLLER, S. H.; COUTO, M. C. P P.; HOHENDORFF, J. V. (org.). *Manual de produção científica.* Porto Alegre: Penso, 2014.

Métodos de levantamentos e de estudos

Objetivos de aprendizagem

Ao final deste texto, você deve apresentar os seguintes aprendizados:

- Diferenciar os levantamentos bibliográfico, documental e de campo.
- Contrastar pesquisa-ação com pesquisa participante e pesquisa etnográfica.
- Reconhecer os elementos que definem e caracterizam um estudo de caso.

Introdução

A pesquisa tem por objetivo a descoberta de novos assuntos, o entendimento da realidade, a apropriação de uma nova área científica, a construção de novos conhecimentos e muitas outras possibilidades. Além disso, a pesquisa distribui as suas raízes por todas as áreas de conhecimento. Sem ela, as informações não seriam aprofundadas e muito da construção de novos conhecimentos não seria possível.

Com todas as suas facetas, a pesquisa exige métodos e padrões, ao mesmo tempo em que fornece tipologias e aplicabilidades variadas. Neste capítulo, você vai ver as diferenças entre os levantamentos que alimentam as pesquisas; são eles: o bibliográfico, o documental e o de campo.

Levantamentos bibliográfico, documental e de campo

Uma pesquisa é a construção de uma metodologia de investigação com o objetivo de resolver um problema. Segundo Silveira e Córdova (2009, documento *on-line*), na pesquisa:

> Investiga-se uma pessoa ou grupo capacitado (sujeito da investigação), abordando um aspecto da realidade (objeto da investigação), no sentido de comprovar experimentalmente hipóteses (investigação experimental), ou para descrevê-la (investigação descritiva), ou para explorá-la (investigação exploratória).

O referencial teórico de uma pesquisa é a reunião de ideias de vários autores sobre o assunto pesquisado. Ele serve de embasamento para o desenvolvimento da pesquisa. Para compor o referencial, é necessário escolher como será feito o levantamento das informações que vão fundamentar o estudo. Existem três tipos de levantamento: bibliográfico, documental e de campo. A seguir, você vai conhecer cada um deles.

Levantamento bibliográfico

Para você compreender o levantamento bibliográfico, precisa ter em mente o conceito de bibliografia. Uma bibliografia é a relação de fontes de informação utilizadas em um trabalho, um estudo ou uma pesquisa. Ela é composta por livros, monografias, teses, dissertações, artigos de periódicos, doutrinas, trabalhos de eventos, material cartográfico, materiais audiovisuais, etc. — tanto físicos quanto digitais (APPOLINÁRIO, 2004).

Partindo desse pressuposto, o levantamento, também chamado de "pesquisa bibliográfica", é a busca de informações, em fontes bibliográficas, que se relacionem ao problema de pesquisa e o fundamentem. Para Gil (2012, p. 50), "A principal vantagem da pesquisa bibliográfica reside no fato de permitir ao investigador a cobertura de uma gama de fenômenos muito mais ampla do que aquela que poderia pesquisar diretamente". Ferrari (1974 *apud* MARCONI; LAKATOS, 2016, p. 32, acréscimo nosso) afirma que a finalidade da pesquisa bibliográfica "É colocar o pesquisador em contato direto com o que foi escrito sobre determinado assunto, com o objetivo de permitir ao cientista o reforço paralelo na análise de suas pesquisas ou [na] manipulação de suas informações".

A pesquisa bibliográfica propicia o exame de um tema para que o pesquisador construa um enfoque ou abordagem nova sobre ele, com o objetivo de chegar a conclusões inovadoras e que componham a sua gama conceitual. Koche (2013) afirma que a pesquisa bibliográfica pode ser realizada com diferentes fins:

a) para ampliar o grau de conhecimentos em determinada área, capacitando o investigador a compreender ou delimitar melhor um problema de pesquisa;

b) para dominar o conhecimento disponível e utilizá-lo como base ou fundamentação na construção de um modelo teórico explicativo de um problema, isto é, como instrumento auxiliar para a construção e a fundamentação de hipóteses;

c) para descrever ou sistematizar o estado da arte, daquele momento, pertinente a determinado tema ou problema.

Os exemplos mais característicos desse tipo de pesquisa são investigações sobre ideologias, que se propõem a analisar diversas opiniões sobre um assunto e a identificar o que já foi escrito sobre ele. Esse método de levantamento é geralmente utilizado por pesquisadores que já estão em um nível mais avançado da pesquisa científica, principalmente em teses de doutorado e dissertações de mestrado. Trata-se de um método difícil de ser executado por se basear em um levantamento profundo e exaustivo sobre um assunto.

Gil (2012, p. 60) diz que "[...] qualquer tentativa de apresentar um modelo para o desenvolvimento de uma pesquisa bibliográfica deverá ser entendida como arbitrária. Tanto é que os modelos apresentados pelos diversos autores diferem significativamente entre si". Isso ocorre pois os autores que aderem a esse método utilizam, muitas vezes, estratégias próprias de recuperação das informações, dificultando a criação de modelos ou etapas a serem seguidas.

A pesquisa bibliográfica deve ser realizada em fontes confiáveis de informação, como bibliotecas e bases de dados institucionais. Os livros físicos ainda são os materiais mais utilizados para compor o levantamento bibliográfico. Nesse sentido, o pesquisador deve ter extremo cuidado com as fontes de informação que usará para compor o seu referencial teórico, pois é necessário que toda a bibliografia consultada seja de caráter técnico-científico.

Link

Para encontrar livros eletrônicos em português, acesse a Scielo Livros, que é uma rede cooperativa de editoras universitárias e outras editoras que publicam livros de caráter científico.

http://books.scielo.org/

Levantamento documental

O levantamento documental e o bibliográfico são bem próximos em relação ao seu método de desenvolvimento. Ambos adotam o mesmo procedimento na coleta de dados. O que os diferencia é a fonte de informação utilizada: enquanto o levantamento bibliográfico se fundamenta basicamente em livros, artigos etc., o documental analisa documentos que ainda não receberam um tratamento analítico (GIL, 2018). Existem dois tipos desses documentos:

Os documentos de primeira mão, que não receberam qualquer tratamento analítico, tais como: documentos oficiais, reportagens de jornal, cartas, contratos, diários, filmes, fotografias, gravações etc. e os documentos de segunda mão, que de alguma forma já foram analisados, tais como: relatórios de pesquisa, relatórios de empresas, tabelas estatísticas etc. (GIL, 2018, p. 62).

Observe, no Quadro 1, exemplos de fontes primárias e secundárias.

Quadro 1. Exemplos de fontes primárias e secundárias

Fontes primárias (levantamento documental)	Fontes secundárias (levantamento bibliográfico)
▪ Documentos oficiais ▪ Publicações parlamentares ▪ Publicações administrativas ▪ Documentos jurídicos ▪ Arquivos particulares ▪ Fontes estatísticas ▪ Iconografia ▪ Fotografias ▪ Canções folclóricas ▪ Estátuas ▪ Cartas ▪ Autobiografias ▪ Diários	▪ Livros ▪ Boletins ▪ Jornais ▪ Monografias, teses e dissertações ▪ Artigos de periódicos em papel e digitais ▪ Revistas ▪ Material cartográfico ▪ Anais de congressos ▪ Relatórios de pesquisa ▪ Publicações avulsas

Fonte: Adaptado de Gerhardt e Silveira (2009).

Como você pode notar, a pesquisa documental utiliza documentos diversificados que ainda não receberam um tratamento analítico adequado. Por outro lado, a pesquisa bibliográfica se vale da contribuição de vários autores, pois utiliza obras já consagradas na área de estudo. Ela apresenta algumas vantagens. Por exemplo: os documentos são uma fonte rica e estável de dados, há baixo custo para a execução e não se exigem contatos com os sujeitos da pesquisa. Porém, a pesquisa bibliográfica tem como limitações a subjetividade na interpretação do conteúdo e a possível não representatividade dos dados (GIL, 2012).

Levantamento de campo

O levantamento ou pesquisa de campo tem como objetivo levantar informações sobre uma realidade específica. Ele é realizado principalmente por meio da observação direta das atividades do grupo estudado, tendo também uma parte de levantamento bibliográfico ou documental, porém com a coleta de dados da realidade (PIANA, 2009).

A pesquisa de campo pretende buscar a informação diretamente com a população pesquisada. O pesquisador deve estar presente onde o fenômeno ocorre ou ocorreu a fim de reunir um conjunto de informações a serem analisadas posteriormente. Conforme Marconi e Lakatos (2010, p. 169):

> Pesquisa de campo é aquela utilizada com o objetivo de conseguir informações e/ou conhecimentos acerca de um problema, para o qual se procura uma resposta, ou de uma hipótese que se queira comprovar, ou ainda, de descobrir novos fenômenos ou as relações entre eles.

As autoras afirmam que as pesquisas de campo devem ser precedidas de uma pesquisa bibliográfica sobre o tema que se quer estudar. Tal pesquisa serve para a identificação das informações existentes sobre o tema, bem como dos trabalhos e das opiniões que prevalecem a respeito dele. Por conseguinte, de acordo com a natureza da pesquisa, devem ser determinadas as técnicas que serão empregadas na coleta de dados e a amostra, que precisa ser representativa o suficiente para apoiar as conclusões do estudo. Antes da coleta de dados, é preciso estabelecer as técnicas de registro dos dados e o modo como eles serão analisados.

Pesquisa-ação, pesquisa participante e pesquisa etnográfica

A pesquisa-ação, a pesquisa participante e a pesquisa etnográfica possuem muitas semelhanças. Em uma primeira análise, podem ser confundidas como sinônimas, porém cada uma apresenta uma nuance que a diferencia das demais. Para começar, considere a **pesquisa-ação**. Ela é um tipo de pesquisa social baseada em uma metodologia coletiva que tem como princípio a busca pela discussão e a produção cooperativa de conhecimentos sobre uma realidade vivida. Para Thiollent (2017, p. 20):

> A pesquisa-ação é um tipo de pesquisa social com base empírica que é concebida e realizada em estreita associação com uma ação ou com a resolução de um problema coletivo e na qual os pesquisadores e os participantes representativos da situação ou do problema estão envolvidos de modo cooperativo ou participativo.

Na pesquisa-ação, o pesquisador planeja uma participação na problemática de estudo. O processo da pesquisa utiliza uma metodologia sistêmica com o objetivo de transformar a prática observada com a participação dos indivíduos que integram a realidade estudada. Thiollent (2017) elucida que o pesquisador deixa o papel de observador e age ativamente, tendo uma relação direta com os sujeitos da pesquisa e tecendo novos conhecimentos. Veja, a seguir, os passos que permeiam a pesquisa-ação.

- Diagnóstico.
- Ação.
- Avaliação.
- Reflexão.

A pesquisa-ação exige dos pesquisadores uma interação bem estruturada com o objeto de estudo. Afinal, nesse tipo de pesquisa, o pesquisador equaciona os problemas encontrados, acompanha e avalia as ações que terão de ser tomadas em função dos dilemas perpetrados na vida dos indivíduos. O trabalho ocorre juntamente aos participantes, pois eles são parte de todo o processo de construção da pesquisa-ação (THIOLLENT, 2017).

A **pesquisa participante** se assemelha muito à pesquisa-ação em suas práticas metodológicas. Conforme Brandão e Streck (2006, p. 25), "A pesquisa participante não cria, mas responde a desafios e incorpora-se em programas que colocam em prática novas alternativas de métodos ativos". Para Le Boterf (1984 *apud* BRANDÃO; STRECK, 2006), não existe um modelo único de pesquisa participante que possa ser estruturado em etapas, por isso o importante é adaptar o processo às condições particulares de cada situação, nunca deixando de analisar previamente a região e a população que serão estudadas.

A pesquisa-ação e a pesquisa participante apresentam uma característica principal em comum: o envolvimento do pesquisador e do pesquisado. Porém, suas semelhanças não devem generalizadas a ponto de essas pesquisas serem confundidas e tratadas igualmente. Para Thiollent (2017, p. 13), a pesquisa-ação e a pesquisa participante são dadas como sinônimas, porém "[...] a pesquisa-ação, além da participação, supõe uma forma de ação planejada de caráter social, educacional, técnico ou outro, que nem sempre se encontra em propostas de pesquisa participante". Para entender melhor, observe o Quadro 2, a seguir, em que são listadas as principais diferenças entre a pesquisa-ação e a pesquisa participante.

Quadro 2. Diferenças entre a pesquisa-ação e a pesquisa participante

Pesquisa-ação	Pesquisa participante
Toda pesquisa-ação é participativa.	As pesquisas participantes não são pesquisas-ação.
O pesquisador não é pesquisado.	Os envolvidos são pesquisadores e pesquisados ao mesmo tempo.
Possui uma forma de ação planejada de caráter social, educacional, técnico ou outro.	Ações planejadas nem sempre são encontradas nesse tipo de pesquisa.
O pesquisador desenvolve uma ação destinada a resolver o problema em questão.	O pesquisador não desenvolve uma ação destinada a resolver o problema em questão.
É o pesquisador que se apropria intensamente dos dados.	O pesquisador usa o diálogo como o meio de comunicação mais importante no processo.
O pesquisador tem um alto grau de análise, de moderação, de interpretação e de domínio de técnicas de dinâmica de grupo.	As metas e o desenvolvimento do projeto não são previamente determinados, mas elaborados com a intervenção de todos os participantes.

Fonte: Adaptado de Felcher, Ferreira e Folmer (2017).

Assim, por um lado, a pesquisa-ação pode ser considerada também uma pesquisa participante, pois em algum momento vai se servir de uma metodologia participativa. Por outro lado, ela se separa quando tem o foco na ação planejada, com intervenções que objetivam mudanças na situação analisada priorizando a participação ativa dos indivíduos pesquisados.

Por fim, considere a **pesquisa etnográfica**, que literalmente significa "descrição cultural de um povo" (dos termos gregos *ethnos*, que designa "nação" e/ou "povo", e *graphein*, que significa "escrita"). Então, a pesquisa etnográfica pode ser entendida como a pesquisa que estuda um povo ou grupo específico. Conforme Silva (2003, p. 28), a etnografia é "[...] um método de investigação baseado no contato direto e prolongado com os atores sociais cuja interação constitui o objeto de estudo".

A pesquisa etnográfica usa técnicas de observação participante, descrição e análise das dinâmicas de interação e comunicação do grupo pesquisado. Para Marconi e Lakatos (2010, p. 94), o método etnográfico "Consiste no levantamento de todos os dados possíveis sobre a sociedade em geral e na descrição, com a finalidade de conhecer melhor o estilo de vida ou a cultura específica de determinados grupos". A seguir, veja as etapas para a implementação da pesquisa etnográfica.

- Exploração.
- Decisão.
- Descoberta.

Conforme Lüdke e André (2018), a etapa de exploração consiste na definição dos problemas, na escolha do local para a aplicação da pesquisa e na realização dos contatos para as observações e a imersão no contexto. A segunda etapa envolve a decisão, que compreende a busca sistemática de dados para compreender e interpretar o problema, e a descoberta, que é a explicação da realidade em conjunto com o desenvolvimento de teorias a partir das informações coletadas.

Assim como na pesquisa-ação e na pesquisa participante, na pesquisa etnográfica existe a interação entre pesquisador e pesquisado, mas o pesquisador etnográfico não intervém no ambiente estudado. Essa é a principal diferença em relação às duas outras pesquisas, já que ambas utilizam muito a visão dos sujeitos sobre as suas próprias experiências. A pesquisa etnográfica, assim como a pesquisa participante, aprofunda-se mais no desenrolar do estudo do que na ação final, ao contrário da pesquisa-ação. Além disso, ela é flexível quanto aos seus métodos ao longo do estudo, e os dados coletados são transcritos literalmente para o relatório. O tempo de duração do estudo pode ser de semanas, meses e até mesmo anos (SILVA, 2003).

Então, metodologicamente, a diferença entre os três tipos de pesquisa abordados está no tipo de ação. Na pesquisa-ação, o pesquisador perpassa todos os caminhos da pesquisa com os indivíduos, até ver na prática uma ação resolutiva sendo atingida no final, com a integração dos participantes. A pesquisa participante tem a mesma integração do pesquisador com os indivíduos, porém a ação final não é objetivada, assim como ocorre no caso da pesquisa etnográfica. Em sua metodologia, esta última se iguala em parte à pesquisa participante, porém tem o seu foco de estudo em uma cultura e/ou um povo. A ideia não é intervir, mas só observar, ao contrário do que ocorre nas outras duas, que interagem com indivíduos independentemente da cultura de cada um.

Saiba mais

Dentro da etnografia, existe a netnografia, que é uma forma especializada de etnografia adaptada às demandas específicas do mundo social em rede. Ela foi criada para compreender a sociedade e as suas interações na internet. Ficou curioso? Para saber mais, confira Kozinets (2014).

Elementos de um estudo de caso

O estudo de caso é um dos métodos mais utilizados na pesquisa científica. De acordo com Yin (2015, p. 17), "O estudo de caso é uma investigação empírica que investiga um fenômeno contemporâneo (o 'caso') em profundidade e em seu contexto de mundo real, especialmente quando os limites entre o fenômeno e o contexto puderem não ser claramente evidentes".

Quando a pesquisa procura explicar o como e o porquê de algum fenômeno da vida real em profundidade, o estudo de caso é o método de estudo mais relevante. A análise do estudo de caso envolve uma situação em que "[...] existirão muito mais variáveis de interesse do que pontos de dados [...]" (YIN, 2015, p. 40). Como resultado, é necessária a utilização de várias fontes de evidências que abasteçam o pesquisador de informações acerca do objeto de estudo, "[...] com os dados convergindo de maneira triangular [...]" para o estudo beneficiar-se do desenvolvimento anterior das proposições teóricas, que deve orientar a coleta e a análise dos dados (YIN, 2015, p. 40).

Na Figura 1, veja a representação gráfica da realização de uma pesquisa de estudo de caso.

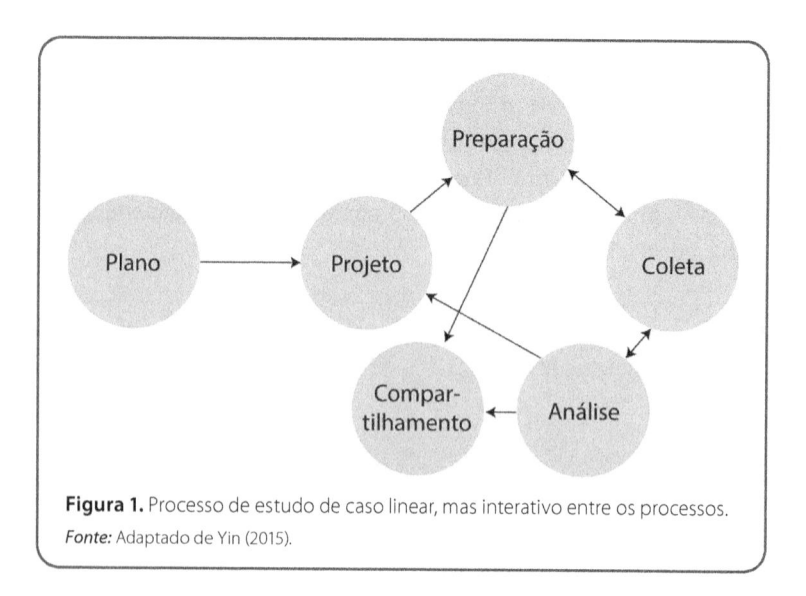

Figura 1. Processo de estudo de caso linear, mas interativo entre os processos.
Fonte: Adaptado de Yin (2015).

Como mostra a Figura 1, na metodologia de estudo de caso, a primeira fase é o plano de estudo e posteriormente há o projeto, mas as outras fases se relacionam, criando uma intersecção contínua na construção do trabalho. Essa flexibilidade fornece aos estudos de caso, quando comparados a outros delineamentos de pesquisa, uma série de vantagens (MARTINS, 2008):

- possibilitam estudar um caso em profundidade;
- enfatizam o contexto em que os fenômenos ocorrem;
- são flexíveis;
- estimulam o desenvolvimento de novas pesquisas;
- favorecem a construção de hipóteses;
- possibilitam o aprimoramento, a construção e a rejeição de teorias;
- possibilitam a investigação em áreas inacessíveis por outros procedimentos;
- permitem investigar o caso pelo "lado de dentro";
- favorecem o entendimento do processo;
- podem ser aplicados sob diferentes enfoques teóricos e metodológicos.

Gil (2012) salienta que o estudo de caso permite um amplo e detalhado conhecimento do objeto de estudo, tarefa, segundo ele, praticamente impossível mediante o uso de outros delineamentos. O estudo de caso está enquadrado em um caráter qualitativo, mas também pode comportar dados quantitativos para esclarecer algum tópico da questão investigada. Contudo, ele não utiliza análises estatísticas sofisticadas (GIL, 2012).

Um aspecto especialmente importante do estudo de caso é que as questões sejam do tipo: "como" e "por que". A ideia é que as proposições do estudo direcionem a atenção para algo específico que seja sublocado dentro do escopo do estudo e que as unidades de análise sejam relacionadas com o problema fundamental da definição do caso. Na etapa de estruturação do estudo de caso, é preciso: delimitar o contexto (temporal, por parte ou geográfico); determinar o número de casos (se serão um ou vários); e elaborar um protocolo que conterá o instrumento de coleta de dados, bem como o roteiro de sua aplicação (YIN, 2015).

Além do uso dessas diferentes fontes para coletar evidências para o estudo de caso, é necessário o domínio de diversos procedimentos de coleta de dados. Yin (2015, p. 124) explica que "[...] um objetivo importante é coletar os dados sobre os eventos e os comportamentos humanos verdadeiros". O autor indica a utilização de múltiplas fontes, a construção de um banco de dados do estudo de caso e o encadeamento das evidências coletadas como forma de agregar qualidade ao relatório final do estudo. O trabalho de análise nos estudos de caso depende bastante da intuição do pesquisador, que deve ter uma visão ampla dos principais modelos de análise qualitativa.

Por fim, Yin (2015) indica que a melhor forma de compor o relatório de estudo de caso, uma das tarefas mais desafiadoras do estudo, é elaborar partes do relatório previamente (como a bibliografia e a metodologia), sem esperar até o final do processo de análise de dados. Quanto à estrutura de composição do relatório, é necessário definir o público-alvo, organizar os materiais textuais e visuais, apresentar evidências coerentes para que o leitor posso alcançar suas próprias conclusões, revisar e reescrever quantas vezes for necessário. O pesquisador deve ter em mente que o seu estudo de caso poderá servir de base para outros estudos. Então, é de suma importância que o relatório esteja bem composto e exemplificado, para que a veracidade dos dados apresentados não seja passível de questionamentos.

Link

Acesse o *link* a seguir para conferir um vídeo sobre os fundamentos do estudo de caso.

https://qrgo.page.link/SyGso

 **Referências**

APPOLINARIO, F. *Dicionário de metodologia científica:* um guia para a produção do conhecimento científico. São Paulo: Atlas, 2004.

BRANDÃO, C. R.; STRECK, D. R. (org.). *Pesquisa participante:* a partilha do saber. Aparecida: Ideias & Letras, 2006.

FELCHER, C. D. O.; FERREIRA, A. L. A.; FOLMER, V. Da pesquisa-ação à pesquisa participante: discussões a partir de uma investigação desenvolvida no Facebook. *Experiências em Ensino de Ciências*, v. 12, n. 7, 2017. Disponível em: http://if.ufmt.br/eenci/artigos/Artigo_ID419/v12_n7_a2017.pdf. Acesso em: 23 jun. 2019.

GERHARDT, T. E.; SILVEIRA, D. T. (org.). *Métodos de pesquisa.* Porto Alegre: UFRGS, 2009. Disponível em: www.ufrgs.br/cursopgdr/downloadsSerie/derad005.pdf. Acesso em: 23 jun. 2019.

GIL, A. C. *Como elaborar projetos de pesquisa.* 6. ed. São Paulo: Atlas, 2018.

GIL, A. C. *Métodos e técnicas de pesquisa social.* 6. ed. São Paulo: Atlas, 2012.

KOCHE, J. C. *Fundamentos de metodologia científica:* teoria da ciência e iniciação à pesquisa. 34. ed. Petrópolis: Vozes, 2015.

LÜDKE, M.; ANDRÉ, M. E. D. A. de. *Pesquisa em educação:* abordagem qualitativas. 2. ed. São Paulo: EPU, 2018.

MARCONI, M. de A.; LAKATOS, E. M. *Fundamentos de metodologia científica.* 7. ed. São Paulo: Atlas, 2010.

MARCONI, M. de A.; LAKATOS, E. M. *Metodologia do trabalho científico.* 8. ed. São Paulo: Atlas, 2016.

MARTINS, G. de A. *Estudo de caso:* uma estratégia de pesquisa. 2. ed. São Paulo: Atlas, 2008.

PIANA, M. C. A pesquisa de campo. *In:* PIANA, M. C. *A construção do perfil do assistente social no cenário educacional.* São Paulo: UNESP; Cultura Acadêmica, 2009. Disponível em: books.scielo.org/id/vwc8g/pdf/piana-9788579830389-06.pdf. Acesso em: 23 jun. 2019.

SILVA, P. *Etnografia e educação:* reflexões a propósito de uma pesquisa sociológica. Porto: Profedições, 2003.

SILVEIRA, D. T.; CÓRDOVA, F. P. A pesquisa científica. *In:* GERHARDT, T. E.; SILVEIRA, D. T. (org.). *Métodos de pesquisa.* Porto Alegre: UFRGS, 2009. Disponível em: www.ufrgs.br/cursopgdr/downloadsSerie/derad005.pdf. Acesso em: 23 jun. 2019.

THIOLLENT, M. *Metodologia da pesquisa-ação.* 18. ed. São Paulo: Cortez, 2017.

YIN, R. K. *Estudo de caso:* planejamento e métodos. 5. ed. Porto Alegre: Bookman, 2015.

Leituras recomendadas

GIL, A. C. *Estudo de caso*. São Paulo: Atlas, 2009.

KOZINETS, R. V. *Netnografia:* realizando pesquisa etnográfica online. Porto Alegre: Penso, 2014.

SCIELO: livros. São Paulo: SciELO, 2019. Disponível em: http://books.scielo.org/. Acesso em: 23 jun. 2019.

VOCÊ sabe o que é estudo de caso? aprenda agora! [*S. l.: s. n.*], 2017. 1 vídeo (3 min). Publicado pelo canal Guia da Monografia. Disponível em: https://www.youtube.com/watch?v=uU0kERBRXoc. Acesso em: 23 jun. 2019.

Técnicas de pesquisa

Objetivos de aprendizagem

Ao final deste texto, você deve apresentar os seguintes aprendizados:

- Caracterizar as técnicas de pesquisa.
- Aplicar técnicas de pesquisa.
- Reconhecer diferentes técnicas dentro de um contexto de pesquisa.

Introdução

A pesquisa produz novos conhecimentos. Por sua vez, a produção científica proporciona material para que surjam cada vez mais estudos. Como você já sabe, toda pesquisa é fundamentada no levantamento de dados de diversas fontes, feito por meio de diferentes métodos ou técnicas. O material utilizado como fonte serve de referência sobre o assunto pesquisado, evitando esforços desnecessários e auxiliando como um norte para a construção do estudo.

Neste capítulo, você vai conhecer as seguintes técnicas de pesquisa: coleta documental, entrevista e observação. Além disso, você vai ver como aplicar essas técnicas e utilizá-las no contexto de pesquisa.

Técnicas de pesquisa

No universo da pesquisa, as técnicas são um conjunto de regras, metodologias e protocolos que os pesquisadores utilizam para atingir as metas de seus estudos. As técnicas de pesquisa são variadas, únicas em sua composição e flexíveis conforme as demandas que atendem. Como você vai ver, mais de uma técnica pode ser usada concomitantemente para auxiliar os pesquisadores em sua jornada.

Coleta documental

Nesse tipo de técnica de pesquisa, o pesquisador recolhe os dados no momento em que o fato acontece (coleta direta) ou depois do ocorrido. Neste último caso, a coleta de informações se dá de maneira indireta, por meio de livros, jornais, papéis oficiais, registros estatísticos, fotos, discos, filmes e vídeos, etc. Conforme Gil (2012), a coleta indireta de dados proporciona ao pesquisador ganho de tempo em relação às pesquisas que coletam informações diretamente com as pessoas. Além disso, existem casos em que a pesquisa só pode ser realizada por meio da análise de documentos.

Para a pesquisa científica, são considerados não apenas documentos escritos, mas qualquer objeto que possua informações que possam contribuir para a investigação de determinado fato. Observe o Quadro 1 para conhecer os tipos de documentos e as suas fontes.

Quadro 1. Tipos de documentos e suas fontes de coleta

Tipos de documentos	Fontes
Documentos oficiais (atos individuais, atos de vida política de alcance municipal, estadual ou nacional); publicações parlamentares (registros textuais das diferentes atividades das Câmaras e do Senado); documentos jurídicos; iconografias (documentação por imagem), compreendendo gravuras, estampas, desenhos, pinturas, etc.; fotografias; objetos; folclore; vestuário	Arquivos e museus públicos
Documentos particulares (correspondências pessoais, memórias, diários, autobiografias)	Domicílios particulares
Registros, ofícios, correspondências oficiais, atas, memoriais, programas, comunicados, etc.	Instituições privadas como bancos, empresas, sindicatos, partidos políticos, escolas, igrejas, associações, etc.
Documentos relativos à criminalidade, detenções, registro de automóveis, acidentes, seguro social, registro de eleitores, registros profissionais, etc.	Instituições públicas como delegacias e postos de atendimento ao público
Documentos estatísticos	Instituto Brasileiro de Geografia e Estatística (IBGE), Instituto Brasileiro de Opinião Pública e Estatística (Ibope), departamentos municipais e estaduais de estatística

Fonte: Adaptado de Marconi e Lakatos (2018).

O uso de documentos como fonte de informação de pesquisa possui várias vantagens: possibilita o conhecimento do passado, a investigação da evolução de mudanças sociais e culturais, a obtenção de dados com menor custo e sem o constrangimento dos sujeitos participantes da pesquisa, etc. (GIL, 2012). Esse tipo de coleta serve como base para que os pesquisadores reúnam informações para compor a pesquisa. A coleta documental também serve como técnica única de pesquisa para os pesquisadores que escolhem trabalhar apenas com documentos.

Observação

A observação é uma técnica de coleta de informações em que o observador utiliza os seus sentidos: ele vê, ouve e observa para obter informações sobre a realidade analisada. Para Gil (2012, p. 100), "A observação nada mais é que o uso dos sentidos com vistas a adquirir os conhecimentos necessários para o cotidiano". Essa técnica auxilia o pesquisador a coletar dados a respeito do comportamento de indivíduos, que, na maioria das vezes, não têm consciência dos padrões das suas ações (MARCONI; LAKATOS, 2018).

A técnica da observação "Desempenha papel importante nos processos observacionais, no contexto da descoberta, e obriga o investigador a um contato mais direto com a realidade" (MARCONI; LAKATOS, 2018, p. 88). Do ponto de vista metodológico, a observação oferece, assim como as outras técnicas de pesquisa, vantagens e limitações. Daí a necessidade de aplicar mais de uma técnica em conjunto a ela. São vantagens da observação, segundo Marconi e Lakatos (2018):

- possibilita meios diretos e satisfatórios para estudar uma ampla variedade de fenômenos;
- exige menos do observador do que as outras técnicas;
- permite a coleta de dados sobre um conjunto de atitudes comportamentais típicas;
- permite a evidência de dados não constantes no roteiro de entrevistas ou em questionários.

Por outro lado, as técnicas de observação apresentam uma série de limitações. Entre elas, considere as seguintes:

- o observado tende a criar impressões favoráveis ou desfavoráveis no observador;

- a ocorrência espontânea não pode ser prevista, o que muitas vezes impede o observador de presenciar o fato;
- fatores imprevistos podem interferir na tarefa do pesquisador;
- a duração dos acontecimentos é variável (pode ser rápida ou demorada) e os fatos podem ocorrer simultaneamente — nos dois casos, a coleta dos dados torna-se difícil;
- vários aspectos da vida cotidiana particular podem não ser acessíveis ao pesquisador (MARCONI; LAKATOS, 2018).

Na investigação científica, são empregadas várias modalidades de observação, que variam de acordo com as circunstâncias. Marconi e Lakatos (2018) apresentam alguns tipos, como você pode ver no Quadro 2, a seguir.

Quadro 2. Técnicas de observação

Observação estruturada ou sistemática	Realiza-se em condições controladas para responder a objetivos preestabelecidos. O pesquisador utiliza instrumentos de coleta de dados.
Observação não estruturada ou assistemática	Consiste na recolha e no registro dos fatos da realidade sem que o pesquisador utilize meios técnicos ou perguntas diretas.
Observação participante	O pesquisador participa ativamente dentro da comunidade estudada, incorporando-se a ela.
Observação não participante	O pesquisador toma contato com a comunidade ou realidade estudada, mas não se integra a ela.
Observação individual	Técnica realizada por apenas um pesquisador.
Observação em equipe	Técnica em que um grupo de pesquisadores observa o objeto de vários ângulos.
Observação efetuada na vida real (trabalho de campo)	A observação é feita diretamente no ambiente real e o pesquisador registra os dados à medida que vão ocorrendo.
Observação efetuada em laboratório	A observação é feita em laboratório e serve para o pesquisador observar o objeto de estudo em condições controladas.

Fonte: Adaptado de Marconi e Lakatos (2018).

Como você pode notar, a técnica da observação é composta por alguns elementos:

- o objeto e/ou os sujeitos da observação;
- as condições e os meios da observação;
- a metodologia da observação (formulada de acordo com os objetivos estabelecidos pelo pesquisador).

A prática da observação, ao mesmo tempo em que aproxima o pesquisador do objeto de estudo, tem de ser utilizada com cuidado. Afinal, não deve haver interferência no contexto do observado, o que poderia causar distorções nos dados coletados.

Link

Leia o artigo de Marcio Luiz Marietto "Observação participante e não participante: contextualização teórica e sugestão de roteiro para aplicação dos métodos", disponível no *link* a seguir.

https://qrgo.page.link/JZ9Xe

Entrevista

Na entrevista, o pesquisador faz perguntas ao entrevistado, que é o seu objeto de estudo. Conforme Gil (2012), a entrevista é uma interação social na forma de diálogo em que uma das partes, o pesquisador, busca coletar dados e a outra parte é a fonte das informações. A prática da entrevista envolve quatro elementos básicos: o entrevistador, o entrevistado, o ambiente (natural ou controlado) e o meio (pessoal ou por telefone).

Marconi e Lakatos (2018, p. 93) apontam que os objetivos da entrevista são: "[...] averiguação de fatos, determinação das opiniões sobre fatos, determinação de sentimentos, descoberta de planos de ação, conduta atual ou do passado e motivos conscientes para opiniões, sentimentos ou condutas". Dependendo do propósito do investigador, existem alguns tipos de entrevista. Veja a seguir (GRAY, 2012).

- **Padronizada ou estruturada:** o entrevistador segue um roteiro de perguntas previamente estabelecido e se vale de um formulário.
- **Semiestruturada:** o entrevistador tem uma lista de questões, mas não tem a obrigatoriedade de usar todas elas.
- **Despadronizada ou não estruturada:** o pesquisador tem liberdade para conduzir a entrevista conforme o desenrolar da situação, podendo explorar de forma mais ampla questões que achar importantes.
- **Grupo focal:** é uma forma de entrevista com grupos baseada na comunicação e na interação dos integrantes, que são previamente escolhidos, mas não se conhecem. Ela tem como objetivo colher informações e opiniões do grupo sobre determinado tema, produto ou serviço.
- **História de vida:** esse tipo de entrevista possibilita ao pesquisador o contato direto com as memórias do entrevistado, que relata diretamente a sua história, o seu cotidiano e o seu passado, ou seja, a sua trajetória de vida. O objetivo desse tipo de entrevista é obter dados relativos à experiência do entrevistado sobre o objeto de estudo.

Link

Leia o artigo de Vitor Sérgio Ferreira "Artes e manhas da entrevista compreensiva", disponível no *link* a seguir.

https://qrgo.page.link/DALsQ

Aplicação de técnicas de pesquisa

É importante você ter em mente que a técnica de pesquisa mais adequada para o estudo depende do objetivo da pesquisa e dos tipos de questões a que o pesquisador pretende responder. As técnicas de pesquisa se adaptam a cada um dos tipos de estudo e podem ser utilizadas individualmente ou em conjunto. O que tem de ficar claro para o estudante/pesquisador que precisa definir sua técnica de pesquisa é que ela depende do que ele busca como resultado.

A **coleta documental** é utilizada principalmente na área de ciências sociais e humanas. Gray (2012, p. 342) afirma que essa técnica pode ser considerada não invasiva, "[...] pois envolve o uso de fontes não reativas, independentemente da presença do pesquisador". A coleta documental pode servir como uma complementação a outro método. Nesse caso, o pesquisador espera encontrar em documentos informações adicionais para compor a fundamentação teórica de seu estudo. Por outro lado, a coleta documental pode ser a técnica de pesquisa central e/ou exclusiva quando o objeto de estudo forem os próprios documentos.

Ao lidar com os documentos, o pesquisador deve vê-los como meios de comunicação, pois foram elaborados com propósitos e finalidades e para que alguém acessasse a informação posteriormente. Flick (2009, p. 234) indica que no exame do documento:

> É importante compreender quem o produziu, sua finalidade, para quem foi construído, a intencionalidade de sua elaboração e que não devem ser utilizados como "contêineres de informações". Devem ser entendidos como uma forma de contextualização da informação, sendo analisados como "dispositivos comunicativos metodologicamente desenvolvidos na produção de versões sobre eventos".

A técnica da **entrevista**, com suas várias facetas, é uma das metodologias mais utilizadas atualmente, pois ela permite ao pesquisador extrair uma grande quantidade de dados e informações diretamente com o objeto de estudo ou com indivíduos que detenham maior conhecimento sobre o assunto. Assim como a coleta documental, a entrevista pode ser combinada com outras técnicas e métodos de pesquisa.

Saiba mais

A entrevista é muito versátil, tanto que essa técnica é aplicada em áreas de pesquisa em âmbitos sociais e comerciais. Além de viabilizar a coleta de dados, ela pode ser usada para diagnósticos e orientação nas áreas de psicologia, sociologia e assistência social, bem como nas ciências humanas no geral (BRITTO JÚNIOR; FERES JÚNIOR, 2011).

A entrevista apresenta grandes vantagens de utilização, como a flexibilidade da sua aplicação, a taxa de respostas elevadas e a possibilidade de ser acessada por todos os tipos de pessoas, inclusive as analfabetas. Porém, você deve notar que a realização de entrevistas exige um custo elevado de tempo e recursos, além da preparação do entrevistador, que precisa tomar diversos cuidados na condução da conversação (GIL, 2012).

A melhor maneira de aplicar a técnica da entrevista depende sempre dos objetivos que o pesquisador quer alcançar e do seu entendimento prévio do contexto e da vida do entrevistado. A qualidade e o sucesso da entrevista dependem muito do nível da relação pessoal que o entrevistador constrói com o entrevistado. A prática da entrevista interage muito bem com a técnica da observação, pois a execução da entrevista pode conduzir o pesquisador também para a observação, enquanto as observações podem fornecer os aprofundamentos necessários para as entrevistas (SILVA, 2013).

A técnica da **observação**, quando aplicada individualmente, é indicada para a análise de comportamentos e atitudes no momento em que eles acontecem, sem a necessidade prévia de consulta a documentos ou pessoas. Essa técnica prima pela presença do pesquisador no local onde o fenômeno realmente acontece, dando a ele a opção de observar os acontecimentos de fora ou participar deles de algum modo.

A técnica da observação se baseia em uma tríade que não pode ser esquecida: a participação do pesquisador, a ação dos sujeitos observados e o contexto em que tudo isso acontece. Essa técnica exige que o pesquisador pare e reflita sobre: o que vai ser observado, por que vai ser observado e como vai ser observado. Ele deve atentar para o fato de que as suas atitudes em campo podem se refletir no comportamento dos observados. Eticamente, a preocupação maior do pesquisador deve ser com os impactos que a aplicação de sua metodologia de pesquisa pode causar na vida daqueles que são seus objetos de estudo (SILVA, 2013).

A dúvida na escolha da técnica de pesquisa pode persistir por muito tempo. Essa escolha não é uma tarefa fácil, já que não existe uma única técnica que seja perfeita e que atenda realmente a todas as possíveis necessidades do pesquisador. Devido às características e aos desafios que cada objeto de estudo impõe, é importante que o pesquisador entenda as diferentes técnicas dentro do contexto da sua pesquisa e saiba aplicá-las.

Técnicas e contextos de pesquisa

O contexto da pesquisa é que dita o rumo de sua execução. Seja na coleta documental, na observação ou nas entrevistas, o contexto sociocultural a que o pesquisador pertence e aquele de que ele pretende participar influenciam diretamente as suas ações. A pesquisa se baseia na busca por dados que levarão o pesquisador a percorrer diversos caminhos para compor o seu estudo, e ele utiliza diferentes procedimentos para atingir o seu objetivo final na trilha da pesquisa.

O pesquisador tem de identificar os pontos fortes e fracos de cada técnica de pesquisa. Isso leva-o a verificar se a técnica selecionada fornece a quantidade e a qualidade adequadas de informações, ou se são necessárias outras técnicas associadas. Conforme Ferreira, Torrecilha e Simões (2012, documento *on-line*):

> É importante, portanto, discernir bem as técnicas disponíveis a fim de se realizar uma escolha adequada do método para cada questão de pesquisa colocada. Desta forma, não há uma única, ou melhor, técnica a ser utilizada, mas sim, mediante o conhecimento do objeto e possíveis instrumentos, uma escolha racional quanto àquela que será adotada.

Todas as técnicas de pesquisa têm vantagens e desvantagens. Ao fazer a sua escolha, o pesquisador tem de analisar também as suas próprias limitações relativas a: tempo disponível para a execução do projeto, tempo para colocar em prática as técnicas e recursos financeiros. Algumas técnicas exigem mais tempo e menos dinheiro, enquanto outras envolvem mais dinheiro e menos tempo.

Caso o pesquisador escolha a **coleta documental**, ele tem como objetivo entender um fenômeno já ocorrido e que teve certa duração de tempo. Além disso, ele busca entender o problema a partir da análise da produção escrita dos indivíduos estudados, como diários, cartas, bilhetes, documentos pessoais, entre outros. Nesse sentido, "[...] o uso de documentos em pesquisa permite acrescentar a dimensão do tempo à compreensão do social" (KRIPKA; SCHELLER; BONOTTO, 2015, documento *on-line*).

Essa técnica de pesquisa implica a capacidade de o pesquisador selecionar, tratar e interpretar a informação. Ele precisa compreender a interação com a sua fonte e entender que vai utilizar documentos que ainda não passaram por tratamento analítico por parte de outros pesquisadores (KRIPKA; SCHELLER; BONOTTO, 2015). Outra demanda da coleta documental é a localização dos documentos. Como você sabe, existem muitas fontes documentais dispersas; a seleção delas é uma tarefa do pesquisador, que deve visitar diversas instituições. Com isso, surge a necessidade de gerenciar o tempo disponível para executar todas as etapas exigidas pela técnica (FLICK, 2009).

A coleta documental não envolve só coletar o documento, e sim aprofundar-se no seu conteúdo, considerando ainda o contexto em que ele foi criado e a sua função, uma vez que os documentos podem servir a vários propósitos de pesquisa. A escolha do documento não pode ser feita de forma aleatória; ela deve ocorrer de acordo com o foco da pesquisa documental, pois o documento tem de responder às perguntas da pesquisa. Flick (2009) apresenta critérios muito importantes que devem ser levados em conta na seleção de documentos:

- autenticidade — o documento é genuíno?
- credibilidade ou exatidão — o documento não contém erros ou distorções?
- representatividade — o documento é representante do seu tipo?
- significação — o documento é claro e compreensível?

Os documentos são uma fonte estável e rica de informações que o pesquisador pode consultar quantas vezes precisar e que possui baixo ou nenhum custo financeiro, solicitando ao pesquisador apenas o tempo para a coleta e a seleção. Além disso, os documentos são importantes fontes para validar ou complementar informações obtidas por outras técnicas de pesquisa (KRIPKA; SCHELLER; BONOTTO, 2015).

Outra técnica que pode se valer do apoio de documentos é a **entrevista**. Da análise documental, pode surgir a necessidade (é claro, se existir essa opção) de entrevistar o responsável pela organização e pela criação do documento consultado. Afinal, o pesquisador pode precisar de mais dados que não foram obtidos ou registrados em fontes documentais/bibliográficas. A entrevista é muito utilizada em diversas áreas de conhecimento, porém exige do entrevistador habilidades e diversos cuidados na sua condução; o sucesso depende das circunstâncias que envolvem a pesquisa. Veja o que afirmam Britto Júnior e Feres Júnior (2011, documento *on-line*):

> Torna-se, portanto, imprescindível a visualização, por parte do entrevistador, do contexto externo, cultural e histórico em que o sujeito a ser pesquisado está inserido, podendo prosseguir ou iniciar a coleta de dados somente após essa averiguação, para que não se perca em caminhos transversos.

Todo pesquisador/entrevistador deve se questionar se está preparado para conduzir a entrevista, considerando as suas capacidades de arguição, intervenção, argumentação e até de improviso, pois podem surgir situações inesperadas ao longo da conversa. Na aplicação da técnica da entrevista, o pesquisador deve entender certas noções sob o ponto de vista do entrevistado, que detém a informação e dá as respostas. Além disso, Marconi e Lakatos (2018) afirmam que as respostas obtidas devem ser criteriosamente analisadas, levando-se em conta aspectos como: validade, relevância, especificidade, clareza, cobertura de área, profundidade e extensão.

O pesquisador deve realizar a entrevista com os seus objetivos de pesquisa claros e definidos, independentemente do tipo de roteiro que seguir (estruturado, semiestruturado ou não estruturado). Ele deve considerar que a entrevista não é uma conversa social sem planejamento; ela deve ter abertura, tópicos a desenvolver e fechamento, para que todas as informações necessárias sejam coletadas.

A técnica da **observação** permite que o pesquisador faça um levantamento mais natural do fato, pois possibilita a observação do fenômeno no contexto natural em que ele ocorre. A observação implica a inserção do pesquisador no contexto da população estudada, seja de forma passiva, só observando, ou de forma ativa, participando do contexto e interagindo com os demais participantes. Silva (2013, documento *on-line*) afirma que:

> [...] só se justifica 'entrar' nas situações de vida das pessoas, o que implica compartilhar momentos da vida delas e até mesmo 'retirar' algo delas, se [o pesquisador] estiver convencido dos motivos pelos quais deve fazer isso (se trará mais benefícios do que riscos) e de que está tomando todo o cuidado para preservar as pessoas observadas.

Essa técnica é uma das alternativas que mais fornecem dados verossímeis ao pesquisador. Afinal, a arte de observar possibilita: "[...] identificar, conhecer, reconhecer e proporcionar a síntese frequente sobre o conhecimento dos fenômenos que nos cercam" (SILVA, 2013, documento *on-line*). O grau de participação do observador é muito relevante, bem como a duração das observações. Nesse sentido, é imprescindível planejar o que e como observar, tendo o conhecimento prévio do local e dos fenômenos que devem ser acompanhados. Além disso, o pesquisador deve ter em mente que podem surgir situações inesperadas. Por isso, ele precisa escrever o relatório o mais rápido possível, para conseguir expor com mais precisão e significação as situações observadas.

Referências

BRITTO JÚNIOR, A. F.; FERES JÚNIOR, N. A utilização da técnica da entrevista em trabalhos científicos. *Evidência*, v. 7, n. 7, p. 237–250, 2011. Disponível em: https://www.uniaraxa.edu.br/ojs/index.php/evidencia/article/view/200/186. Acesso em: 30 jun. 2019.

FERREIRA, L.; TORRECILHA, N.; MACHADO, S. H. S. A técnica de observação em estudos de administração. *In:* ENANPAD, 36., 2012. *Anais* [...]. Rio de Janeiro, 2012. Disponível em: http://www.anpad.org.br/admin/pdf/2012_EPQ482.pdf. Acesso em: 30 jun. 2019.

FLICK, U. *Introdução à pesquisa qualitativa*. 3. ed. Porto Alegre: Artmed, 2009.

GIL, A. C. *Métodos e técnicas de pesquisa social*. 6. ed. São Paulo: Atlas, 2012.

GRAY, D. E. *Pesquisa no mundo real*. 2. ed. Porto Alegre: Penso, 2012.

KRIPKA, R. M. L.; SCHELLER, M.; BONOTTO, D. de L. Pesquisa documental na pesquisa qualitativa: conceitos e caracterização. *Revista de investigaciones UNAD*, v. 14, n. 2, p. 55–73, jul./dez. 2015. Disponível em: http://hemeroteca.unad.edu.co/index.php/revista-de-investigaciones-unad/article/viewFile/1455/1771. Acesso em: 30 jun. 2019.

MARCONI, M. A.; LAKATOS, E. M. *Técnicas de pesquisa*. 8. ed. São Paulo: Atlas, 2018.

SILVA, M. A. A técnica da observação nas ciências humanas. *Educativa*, v. 16, n. 2, p. 413–423, jul./dez. 2013. Disponível em: http://seer.pucgoias.edu.br/index.php/educativa/article/view/3101/1889. Acesso em: 30 jun. 2019.

Leituras recomendadas

FERREIRA, V. S. *Artes e manhas da entrevista compreensiva*. Saúde e Sociedade, v. 23, n. 3, 2014. Disponível em: http://www.scielo.br/pdf/sausoc/v23n3/0104-1290-sausoc-23-3-0979.pdf. Acesso em: 30 jun. 2019.

MARIETTO, M. L. Observação participante e não participante: contextualização teórica e sugestão de roteiro para aplicação dos métodos. *Revista Ibero-Americana de Estratégia*, v. 17, n. 4, out./dez. 2018. Disponível em: http://revistaiberoamericana.org/ojs/index.php/ibero/article/view/2717/pdf. Acesso em: 30 jun. 2019.

Coleta de dados

Introdução

Uma pesquisa possui várias fases. Ela envolve a definição do problema, dos objetivos e do referencial teórico e também a coleta de dados, que é o processo de recolhimento de informações para compor o estudo. Os dados recolhidos são utilizados como base para comprovar ou não os objetivos da pesquisa. A coleta de dados é feita conforme o planejamento do estudo do qual faz parte. Por sua vez, as informações coletadas são advindas da população a ser estudada, isto é, do público pesquisado.

Neste capítulo, você vai estudar a coleta de dados com o objetivo de entender como ela funciona e o que ela precisa para ser executada. Além disso, você vai conhecer as definições de população e amostra de pesquisa.

População e amostra de pesquisa

Depois de definir o foco da sua pesquisa, você precisa delimitar o objeto de estudo, ou seja, a população. Segundo Gil (2012), a população, também conhecida como "universo", é um conjunto de elementos que possuem as mesmas características. Assim, uma população pode ser o conjunto de alunos de uma escola, os habitantes de uma cidade, os funcionários de uma fábrica, etc.

A definição da população do estudo tem de ficar bem clara. Uma população não necessariamente envolve pessoas; afinal, um estudo pode analisar uma população de abelhas, uma população de macacos e assim por diante. Conforme Marconi e Lakatos (2017, p. 206), "[...] universo ou população é o conjunto de seres animados ou inanimados que apresentam pelo menos uma característica em comum [...]". Além disso, Hernández Sampieri, Fernandez Collado e Baptista Lucio (2013) afirmam que a população tem de estar evidentemente situada em relação a conteúdo, lugar e tempo.

Um bom exemplo para você entender o que é uma população são os serviços de assinatura digital. As empresas têm uma população bem definida, que são os clientes que assinam o seu serviço. Mas perceba que o número de clientes de alguns serviços é enorme, o que significa muitas pessoas e dados gerados. Para realizar estudos e analisar os dados de interação desses clientes nas suas plataformas, as empresas utilizam pequenas parcelas da população, dividida de várias formas para traçar objetivos mais específicos, como idade, sexo, localização, interesses, etc. Essa divisão da população do estudo compõe as amostras da população. Conforme Hernández Sampieri, Fernandez Collado e Baptista Lucio (2013, p. 192), uma amostra é "[...] simplesmente uma subdivisão da população, sobre a qual os dados serão coletados e que deve ser delimitada com precisão, pois será representativa dessa população [...]".

Sempre é necessário considerar se a amostra representa a população em sua totalidade, pois na maioria das vezes não existe a possibilidade de se estudar todo o conjunto da população. Quando uma amostra caracteriza exatamente a população em estudo, é considerada uma amostra representativa. Isso significa que, com base nos dados de uma amostra representativa e utilizando procedimentos estatísticos adequados, é possível inferir ou generalizar as conclusões obtidas para a população (BRUNI, 2011). Portanto, a amostra tem de ser representativa da população, no sentido de poder oferecer conclusões válidas sobre o universo. Para isso, é preciso extrair a amostra de acordo com critérios bem delimitados.

Hernández Sampieri, Fernandez Collado e Baptista Lucio (2013) apontam três erros que podem surgir na seleção da amostra. Veja:

- desconsiderar ou não escolher casos que deveriam ser parte da amostra (participantes que deveriam integrá-la, mas que não foram selecionados);
- incluir casos que não deveriam estar na amostra porque não fazem parte da população;
- selecionar casos que são verdadeiramente inelegíveis.

Para evitar possíveis equívocos na escolha da amostra, é fundamental delimitar corretamente o universo ou a população. Assim, evitam-se falhas na conclusão do estudo.

Fique atento

Delimitar o universo consiste em especificar que pessoas, animais, coisas e fenômenos serão pesquisados, listando seus atributos em comum, como sexo, idade, local onde vivem, empresa a que pertencem, etc. Quanto mais específica for a delimitação, melhor para o andamento da pesquisa.

Tipos de amostras para coleta de dados

Como você viu, quando a população é muito abrangente, ou seja, quando não é possível estudá-la em sua totalidade, os pesquisadores trabalham com amostras extraídas do todo. A ideia é obter uma amostragem que seja o mais representativa possível da população, para que os resultados sejam expressivos e tenham fidelidade ao conjunto total. Existem dois tipos básicos de amostra, como você pode ver no Quadro 1, a seguir.

Quadro 1. Tipos de amostra

Tipo de amostra	Definição
Amostra probabilística	Todos os elementos da população têm a possibilidade de fazer parte da amostra e são obtidos pela definição das características da população. Esse tipo permite a utilização de dados estatísticos que compensam possíveis erros amostrais e outros aspectos importantes para a significância da amostra.
Amostra não probabilística ou por julgamento	A escolha dos elementos está relacionada com as características da pesquisa ou de quem faz a amostra. Não há fundamentação estatística.

Fonte: Adaptado de Hernández Sampieri, Fernandez Collado e Baptista Lucio (2013).

Suponha que você esteja curioso para saber a intenção de votos dos universitários brasileiros. Para realizar uma amostra probabilística, você teria que falar com universitários de todo o País, selecionar um grupo aleatório e fazer a pesquisa. Já para realizar uma pesquisa por amostra não probabilística, você poderia abordar três universidades próximas, representativas da população do local onde você reside, e questionar alguns estudantes que concordassem em participar da investigação. Mas como escolher entre esses tipos de amostra? Essa decisão deve ser tomada com base nos objetivos e nos problemas da pesquisa.

Amostra probabilística

As amostras probabilísticas são essenciais em algumas categorias de pesquisa. Esse tipo de amostra garante fidedignidade, pois a seleção é feita de forma aleatória e sem a interferência do pesquisador (HERNÁNDEZ SAMPIERI; FERNANDEZ COLLADO; BAPTISTA LUCIO, 2013). No Quadro 2, a seguir, veja os tipos de amostras probabilísticas.

Quadro 2. Tipos de amostras probabilísticas

Tipo	Definição	Exemplo de aplicação
Amostragem aleatória simples	O pesquisador atribui a cada elemento da população um número único para depois selecionar alguns desses elementos de forma aleatória, de modo que todos tenham a mesma possibilidade de serem sorteados.	Questionário aplicado para saber a satisfação dos clientes de um banco, por exemplo, usando uma amostra do universo total de clientes.
Amostragem aleatória sistemática	A lógica é a mesma do tipo anterior, porém a população deve ser ordenada e identificada por posição.	Pesquisas "boca de urna", isto é, pesquisas rápidas com pessoas que acabaram de sair de um zona eleitoral específica.
Amostragem estratificada	O pesquisador divide a população em segmentos e uma amostra é selecionada para cada segmento.	Estudo que espera encontrar uma posição diferente entre amostras de homens e mulheres.
Amostragem por conglomerados	O pesquisador sorteia um conjunto e procura estudá-lo em sua totalidade. Por exemplo, famílias, organizações.	Pesquisa aplicada em todos os funcionários de uma organização específica.

Fonte: Adaptado de Hernández Sampieri, Fernandez Collado e Baptista Lucio (2013).

Amostra não probabilística

Esse tipo de amostra representa um procedimento de seleção informal, determinado pelas necessidades do pesquisador. Conforme Hernández Sampieri, Fernandez Collado e Baptista Lucio (2013, p. 208), a vantagem de uma amostra não probabilística, do ponto de vista quantitativo, é sua "[...] utilidade para um desenho de estudo que não exija tanto uma representatividade de elementos de uma população, mas sim uma cuidadosa e controlada escolha de casos especificados na formulação do problema [...]". No Quadro 3, a seguir, você pode ver os tipos de amostras não probabilísticas.

Quadro 3. Tipos de amostras não probabilísticas

Tipo	Definição	Exemplo de aplicação
Amostragem por acessibilidade ou por conveniência	O pesquisador seleciona os elementos a que tem acesso, admitindo que representam um universo. É indicada para pesquisas em que não é requerido elevado nível de precisão.	Entrevistas com gerentes dos restaurantes A e B, pois eles autorizaram a pesquisa.
Amostragem por tipicidade ou intencional	O pesquisador seleciona um subgrupo da população que, conforme as informações disponíveis, pode ser considerado representativo.	Entrevistas com líderes de turma específicos, líderes de comunidade, etc.
Amostragem por cotas	O pesquisador realiza a pesquisa por etapas. Ele classifica a população, determina a proporção da população para cada classe e fixa cotas observando a proporção das classes consideradas.	Pesquisas eleitorais e de mercado.

Fonte: Adaptado de Hernández Sampieri, Fernandez Collado e Baptista Lucio (2013).

Como existem vários tipos de amostra, selecionar a mais adequada para cada estudo é uma tarefa complementar à estruturação da fase de coleta de dados. Após a montagem do projeto na sua totalidade, é necessário utilizar um recurso metodológico chamado pesquisa-piloto, que você vai conhecer melhor a seguir.

Aplicação de pesquisa-piloto

Depois de construir o estudo, o pesquisador julga que ele está pronto para ser aplicado. Todas as etapas foram planejadas, o problema, os objetivos e principalmente a metodologia da pesquisa e o instrumento de coleta de dados estão prontos e revisados. Porém, antes de aplicar efetivamente a pesquisa, é muito importante testá-la a fim de identificar possíveis erros de projeto. Para isso, é possível utilizar uma pesquisa-piloto.

Conforme Canhota (2008, p. 70), a pesquisa-piloto, ou estudo-piloto, é: "[...] um teste, em pequena escala, dos procedimentos, materiais e métodos propostos para determinada pesquisa [...]". Ou seja, é uma miniaplicação do estudo por inteiro, que engloba a realização de todas as etapas previstas na metodologia de modo a identificar e melhorar o estudo na fase que precede a análise propriamente dita. De acordo com Marconi e Lakatos (2017, p. 210):

> A importância de conduzir um estudo-piloto está na possibilidade de testar, avaliar, revisar e aprimorar os instrumentos e procedimentos de pesquisa. Administra-se um estudo-piloto com o objetivo de descobrir pontos fracos e problemas em potencial, para que sejam resolvidos antes da implementação da pesquisa propriamente dita.

Os autores trazem um exemplo muito ilustrativo: as fábricas de carros sempre constroem protótipos dos novos modelos de veículos que irão lançar no mercado para testá-los antes de começar a produção em larga escala. Dessa forma, o automóvel é testado em condições concretas de lançamento e encontram-se defeitos, poupa-se tempo e dinheiro e podem ser feitas as alterações necessárias antes do lançamento. Portanto, a aplicação de um estudo-piloto permite ao pesquisador chegar nas fases principais de seu estudo com uma base, sabendo que suas escolhas metodológicas trarão os resultados esperados.

Uma das finalidades da pesquisa-piloto é observar se a amostragem escolhida serve para responder aos objetivos do estudo. A pesquisa-piloto é aplicada em uma amostra reduzida, cujo processo de seleção deve ser idêntico ao que foi previsto para a execução da pesquisa efetiva. A utilização de uma pesquisa-piloto possibilita o refinamento dos procedimentos metodológicos e, com isso, proporciona uma visão ampla da aplicação real do estudo no todo, principalmente no que tange aos procedimentos de coleta de dados.

De acordo com Gil (2010, p. 3), essa pesquisa prévia: "[...] envolve quatro elementos necessários à sua compreensão: processo, eficiência, prazos e metas [...]". Assim, a pesquisa-piloto proporciona maior eficiência à investigação para alcançar os resultados esperados dentro do prazo estabelecido. A pesquisa-piloto é considerada uma estratégia metodológica que auxilia o pesquisador a validar os processos planejados para o seu estudo. Yin (2005) reforça que ela contribui para o aprimoramento do estudo, tanto em relação ao conteúdo dos dados quanto aos procedimentos que devem ser seguidos.

Existe um debate relativo à necessidade ou não de se realizar um estudo-piloto. Entretanto, você deve ter em mente que, mesmo que se tomem todos os cuidados possíveis durante o planejamento da pesquisa, é somente no momento da implementação do teste que alguns erros são reconhecidos (CANHOTA, 2008). Além disso, o pesquisador deve tomar cuidados em relação à metodologia a ser usada: a ideia é que a pesquisa-piloto seja um ensaio formal do estudo no todo. Além disso, é necessário se ater também ao tempo a ser usado na pesquisa e aos recursos humanos, materiais e financeiros necessários à efetivação do estudo (GIL, 2010).

Em síntese, o pesquisador deve visualizar o potencial da pesquisa-piloto para o refinamento das decisões que foram tomadas na metodologia do estudo. Também deve encarar essa pesquisa como uma oportunidade de revisar e aprimorar o planejamento para a execução do seu trabalho.

Referências

BRUNI, A. L. *Estatística aplicada à gestão empresarial*. 3. ed. São Paulo: Atlas, 2011.

CANHOTA, C. Qual a importância do estudo piloto? *In:* SILVA, E. E. (org.). *Investigação passo a passo:* perguntas e respostas para investigação clínica. Lisboa: APMCG, 2008. p. 69-72.

GIL, A. C. *Como elaborar projetos de pesquisa*. 5. ed. São Paulo: Atlas, 2010.

GIL, A. C. *Métodos e técnicas de pesquisa social*. 6. ed. São Paulo: Atlas, 2012.

HERNÁNDEZ SAMPIERI, R.; FERNÁNDEZ COLLADO, C.; BAPTISTA LUCIO, M. P. *Metodologia de pesquisa*. 5. ed. Porto Alegre: AMGH, 2013.

MARCONI, M. A.; LAKATOS, E. M. *Fundamentos de metodologia científica*. 8. ed. São Paulo: Atlas, 2017.

YIN, R. K. *Estudo de caso:* planejamento e métodos. 3. ed. Porto Alegre: Bookman, 2005.

Instrumentos de pesquisa

Objetivos de aprendizagem

Ao final deste texto, você deve apresentar os seguintes aprendizados:

- Diferenciar os tipos de instrumentos de pesquisa.
- Selecionar o instrumento de pesquisa adequado para coleta de dados.
- Elaborar um instrumento de pesquisa.

Introdução

Existem vários instrumentos de pesquisa que podem ser utilizados pelo pesquisador na coleta de dados para o seu estudo. Como você deve imaginar, o sucesso da pesquisa depende muito desses instrumentos. Afinal, a resposta para o problema da pesquisa vem das informações coletadas. Uma das maiores responsabilidades do pesquisador consiste em escolher o instrumento que melhor se adapte à técnica de pesquisa utilizada e que melhor se encaixe nos objetivos do estudo.

Neste capítulo, você vai conhecer diferentes instrumentos de pesquisa. Você também vai aprender a selecionar o instrumento de pesquisa mais adequado para a sua coleta de dados. Além disso, você vai ver como elaborar um instrumento de pesquisa.

Tipos de instrumentos de pesquisa

A definição do instrumento de pesquisa está diretamente relacionada com o problema a ser estudado. A seleção depende de vários fatores ligados à pesquisa: os objetos, os recursos financeiros, a equipe humana e todos os elementos que podem surgir durante a investigação (MARCONI; LAKATOS, 2010). Em todas as pesquisas, os instrumentos são parte fundamental da coleta de dados. Afinal, eles registram as informações que embasam o estudo.

Os dados podem ser coletados de fontes primárias, o que significa que são coletados diretamente dos sujeitos da pesquisa, e de fontes secundárias. Neste último caso, os dados já estão sistematizados e podem servir para o esclarecimento do problema de pesquisa. Segundo Farias Filho (2015, p. 115):

> A escolha do instrumento de coleta de dados dependerá dos objetivos que se pretendem alcançar com a pesquisa, das questões de pesquisa previamente elaboradas, do perfil dos pesquisados, das características da pesquisa e do objeto a ser estudado e, por fim, do método e da técnica mais adequados para o uso do instrumento.

Existem vários tipos de instrumentos que servem para a coleta das informações necessárias a uma pesquisa. O pesquisador deve levar em conta que todos eles possuem vantagens e desvantagens, uma vez que são objetos cuja eficácia depende de sua utilização apropriada. A seguir, você vai conhecer os tipos de instrumentos de pesquisa.

Questionário

Os questionários são os instrumentos mais conhecidos para a coleta de dados. De acordo com Gray (2012, p. 274), "[...] questionários são ferramentas de pesquisa por meio das quais as pessoas devem responder ao mesmo conjunto de perguntas em uma ordem predeterminada [...]".

Esse tipo de instrumento de coleta deve ser construído coerentemente com a formulação do problema de pesquisa e a hipótese. Ele precisa buscar as respostas para os questionamentos da pesquisa. Normalmente, o questionário é enviado por e-mail ou correio. Junto a ele, deve ser enviada uma nota ou carta de apresentação explicando a natureza da pesquisa, sua importância e o porquê da sua aplicação.

Segundo Diehl e Tatim (2004), existe uma classificação quanto à composição dos questionários. As perguntas são classificadas em três categorias. Veja a seguir.

- **Perguntas abertas:** não delimitam alternativas de respostas e permitem a emissão de opiniões por parte dos respondentes.
- **Perguntas fechadas:** o informante escolhe entre as opções "sim" e "não".
- **Perguntas de múltipla escolha:** são perguntas fechadas, mas que apresentam uma série de possibilidades de respostas.

Conforme Marconi e Lakatos (2010), o questionário deve ser limitado em extensão. Se for muito longo, acaba deixando os respondentes desinteressados. Já se for muito curto, pode não ter informações suficientes. Os autores destacam que os questionários variam de acordo com o tipo de pesquisa e com o público participante. Eles indicam que os questionários tenham de 20 a 30 perguntas e levem até 30 minutos para serem preenchidos.

Link

Uma ferramenta que pode ajudar você a elaborar questionários é o Google Formulários. Ele é uma ferramenta gratuita que disponibiliza vários modelos e facilita bastante a análise dos dados. No Google Formulários, você pode até mesmo criar gráficos e compartilhar os resultados. Acesse no *link* a seguir.

https://qrgo.page.link/AjAn

Roteiro de entrevista

Uma entrevista é uma conversa entre duas pessoas, uma das quais é o pesquisador. Ele tem como objetivo principal obter informações do entrevistado sobre determinado assunto. Para realizar uma entrevista, você pode utilizar alguns roteiros (GRAY, 2012). Veja a seguir.

- **Entrevista estruturada:** questionários são preparados antecipadamente, com perguntas padronizadas.
- **Entrevista semiestruturada:** o entrevistador tem uma lista de questões, mas pode não usar todas elas.
- **Entrevista não diretiva:** o entrevistador explora uma questão ou tópico em profundidade sem ter preguntas planejadas.
- **Entrevista direcionada:** o entrevistador se baseia nas respostas subjetivas do entrevistado.
- **Conversa formal:** o entrevistador faz perguntas espontaneamente à medida que a entrevista avança.

A opção por utilizar ou não um roteiro estruturado depende das necessidades do pesquisador e da pesquisa. Os roteiros estruturados permitem rapidez e têm custos relativamente baixos, além de oferecerem a possibilidade de o pesquisador analisar estatisticamente os dados obtidos. Já os roteiros não estruturados permitem uma abordagem mais subjetiva, deixando o pesquisador livre para aprofundar alguns tópicos ou até mesmo tomar outras direções a fim de atingir os objetivos da pesquisa (GRAY, 2012).

Roteiro de observação

Conforme Hernández Sampieri, Fernandez Collado e Baptista Lucio (2013, p. 276), o roteiro de observação "[...] consiste no registro sistemático, válido e confiável de comportamentos e situações observáveis, utilizando um conjunto de categorias e subcategorias [...]".

O roteiro é um instrumento semelhante a um questionário. Ele deve ter um grau de precisão que permita registrar comportamentos e quaisquer informações necessárias com uma categorização que facilite o preenchimento, já que o pesquisador vai estar observando diretamente o contexto pesquisado. Conforme Marconi e Lakatos (2010), vários instrumentos podem ser utilizados para o roteiro, como quadros, anotações, escalas, dispositivos mecânicos, eletrônicos, etc.

Diário de campo

O diário de campo é um instrumento de coleta de dados composto por registros e anotações realizadas no ato da observação de algum objeto, lugar, comunidade, acontecimento social. O pesquisador descreve rigorosamente o que está observando, de modo que as suas anotações reflitam os seus sentimentos, comentários, reflexões e experiências.

Segundo Lima, Mioto e Prá (2007, p. 95-96), o diário:

> É um documento que apresenta tanto um caráter descritivo analítico como também um caráter investigativo e de síntese cada vez mais provisórias e reflexivas, ou seja, consiste em uma fonte inesgotável de construção, desconstrução e reconstrução do conhecimento profissional e do agir através de registros quantitativos e qualitativos.

As informações colhidas servem para registrar, ao fim das observações, um panorama do que foi observado. A ideia é compreender e explicar o que foi pesquisado. As anotações devem ser sempre realizadas no momento da observação. Deixar para anotar em outro momento pode criar discrepâncias com o que realmente foi observado. Para Victora, Knauth e Hassen (2000, p. 73):

> É chamado de diário de campo o instrumento mais básico de registro de dados do pesquisador, inspirado nos trabalhos dos primeiros antropólogos, que, ao estudar sociedades longínquas, carregavam consigo um caderno no qual eles escreviam todas as experiências, sentimentos etc. É um instrumento essencial do pesquisador.

Os diários de campo são compostos por anotações que incluem, conforme Hernández Sampieri, Fernández Collado e Baptista Lucio (2013):

a) descrição do ambiente;
b) diagramas, mapas e esquemas;
c) listagem de objetos e artefatos;
d) aspectos do desenvolvimento do estudo.

Conforme Brandão (1982), no diário sempre devem ser anotados a data e o local específico da observação. Além disso, devem constar: todas as características dos sujeitos observados, tanto físicas quanto psicológicas; o que é visto e ouvido no espaço físico, bem como a descrição detalhada de tal espaço; o detalhamento da atividade do dia; e o relato dos acontecimentos observados. Se o pesquisador preferir não identificar o nome dos objetos de análise, pode escrever "Entrevistado 1", "Criança 1", etc.

Saiba mais

Após servir como base para a construção das pesquisas, os diários de campo transformam-se em documentos. Eles podem ficar restritos aos arquivos do observador, se transformar em uma obra histórica que servirá como projeto para uma publicação, ou ficar disponíveis em arquivos públicos.

Seleção do instrumento de pesquisa

Toda a estruturação de uma pesquisa perpassa várias etapas. A seleção do instrumento de pesquisa é mais uma delas. Conforme Oliveira *et al.* (2016), existem diversos tipos e técnicas de pesquisa no meio acadêmico. Cada uma delas exige um instrumento próprio para que a coleta de dados seja feita de forma adequada.

Para escolher o instrumento de forma assertiva, é de suma importância que os estudantes já conheçam os tipos de pesquisa, para adotar com segurança o instrumento que irão aplicar. De acordo com Marconi e Lakatos (2010, p. 147):

> A seleção do instrumento metodológico está diretamente relacionada com o problema a ser estudado; a escolha dependerá dos vários fatores relacionados com a pesquisa, ou seja: a natureza dos fenômenos, o objeto da pesquisa, os recursos financeiros, a equipe humana e outros elementos que possam surgir no campo da investigação. Tanto os métodos quanto as técnicas devem adequar-se ao problema a ser estudado, às hipóteses levantadas e que se queira confirmar, ao tipo de informantes com que se vai entrar em contato.

Andrade (2009, p. 132) exemplifica ao afirmar que, "Se uma pesquisa vai fundamentar a coleta de dados nas entrevistas, torna-se necessário pesquisar o assunto, para depois elaborar o roteiro ou formulário [...]". Ou seja, é necessário construir instrumentos adequados para cada pesquisa que se pretende realizar. Com essa indicação, a autora faz referência à escolha dos instrumentos de coleta de dados, que são próprios de cada tipo de pesquisa.

De acordo com Gray (2012), a entrevista é o melhor instrumento de coleta de dados quando a pesquisa é exploratória, envolvendo aspectos mais subjetivos dos participantes, como sentimentos e atitudes. Tal instrumento permite que o pesquisador obtenha maior aprofundamento e respostas mais detalhadas. A entrevista, então, é a abordagem preferencial quando a necessidade de informações for personalizada e aprofundada, ou quando os respondentes não souberem ler ou falarem outro idioma, por exemplo.

Os questionários, por sua vez, são a ferramenta de coleta de dados mais conhecida e levam vantagens sobre as entrevistas porque os participantes podem respondê-los no seu tempo. Já a entrevista pode ser dificultada por conflitos nos horários para a reunião do entrevistador com o entrevistado.

Os questionários devem ser utilizados quando o público da pesquisa for relativamente numeroso e se for necessário usar perguntas padronizadas, que permitirão uma abordagem analítica, com possibilidade de relações entre as variáveis (GRAY, 2012). No Quadro 1, a seguir, você pode ver as principais diferenças entre questionários e entrevistas.

Quadro 1. Entrevistas e questionários

Características	Questionários	Entrevistas
Informações	Atitudes, motivações, eventos, etc.	Atitudes, motivações, eventos, etc., mas com potencial para aprofundar mais os questionamentos
Principal utilidade	Testar a validade de uma hipótese	Explorar histórias e perspectivas
Ética	Respostas anônimas	Entrevistador evidentemente sabe quem entrevistou
Tamanho da amostra	Amostras grandes	Amostras menores
Custos de tempo	Consomem mais tempo de elaboração e execução	Consomem menos tempo de elaboração e execução
Custos financeiros	Mais baratos, pois podem ser enviados por *e-mail*	Custo elevado se incluírem entrevistadores, viagens, aparelhos eletrônicos, etc.
Análise dos dados	Geralmente imediata, ainda mais se forem usados *softwares* específicos	Depende da quantidade de informações
Transcrição dos dados	Geralmente imediata, ainda mais se forem utilizados leitores específicos	Geralmente são gastas muitas horas para transcrever uma entrevista

Fonte: Adaptado de Gray (2012).

Marconi e Lakatos (2010) destacam que na observação os fatos são percebidos de forma direta, sem qualquer tipo de intermediação, o que é considerado uma vantagem em comparação com os demais instrumentos. Para os autores, a observação ajuda o pesquisador a identificar contextos de que nem os participantes têm consciência, mas que orientam o seu comportamento.

A observação é bastante utilizada para a análise de conflitos familiares, eventos com grandes multidões, pesquisas de mercado sobre produtos específicos e comportamentos de pessoas com capacidades mentais diferentes.

Além disso, a observação é o método mais utilizado por especialistas da área comportamental (HERNÁNDEZ SAMPIERI; FERNÁNDEZ COLLADO; BAPTISTA LUCIO, 2013).

A observação apresenta como principal vantagem a possibilidade de o pesquisador analisar os fatos diretamente, sem qualquer intermediação. Porém, a presença do pesquisador pode ser inconveniente, gerando mudanças no comportamento dos observados (GIL, 2012). Já os diários de campo são mais utilizados nas áreas de pesquisa em que existem saídas de campo. Essa ferramenta é geralmente utilizada por pesquisadores das áreas de biologia, geologia, arqueologia, antropologia, sociologia e assistência social.

Farias Filho (2015) ressalta a importância do cuidado com a coleta de dados, pois informações apuradas de forma indevida podem atrapalhar a pesquisa, e todo o esforço de trabalho de campo pode ser perdido. Ele reforça que, para cada caso de levantamento de dados, o pesquisador deve se aprofundar na técnica de pesquisa para evitar possíveis surpresas desagradáveis, tais como realizar toda a coleta de dados e perceber que o instrumento não trouxe as respostas necessárias.

Elaboração de um instrumento de pesquisa

Após a escolha do instrumento que melhor se enquadra, sua elaboração deve ser minuciosa e atenta. A elaboração da ferramenta de pesquisa tem como base os objetivos e a fundamentação teórica que guiaram a pesquisa até a etapa da coleta de dados.

Questionários

A elaboração do questionário envolve o cuidado com a construção das questões. As perguntas devem responder aos objetivos geral e específicos da pesquisa. O conteúdo da resposta relaciona-se diretamente à maneira como a pergunta foi formulada. Você deve seguir algumas normas na elaboração dos questionários (GIL, 2012):

- formular as perguntas de maneira clara;
- levar em conta o contexto do interrogado e o seu nível de informação;
- considerar que a pergunta deve possibilitar uma única interpretação;
- tomar cuidado para que a pergunta não sugira respostas;
- fazer com que as perguntas se refiram a uma ideia de cada vez.

Para a construção dos questionários, são considerados dois tipos de perguntas: abertas ou fechadas. As **questões fechadas** sempre são construídas com opções de respostas delimitadas, podendo incluir duas ou várias opções de resposta. Veja:

Com qual gênero você se identifica?	Qual é a sua avaliação do governo do presidente do Brasil nos primeiros meses?
( ) Feminino ( ) Masculino	( ) Ótima ( ) Boa ( ) Regular ( ) Ruim ( ) Péssima

Os questionários também podem oferecer aos respondentes a possibilidade de selecionar mais de uma opção. Veja:

Em seu domicílio, você possui:
( ) Rádio ( ) Aparelho de DVD ( ) Computador ( ) Televisão ( ) TV por assinatura ( ) Telefone fixo ( ) Internet ( ) Outro. Qual? _____

O número de questões depende da extensão dos objetivos e da complexidade do assunto. A quantidade de alternativas das perguntas depende do tipo de questão. O mais indicado é oferecer duas alternativas antagônicas — totalmente favorável e totalmente contrária — e outras categorias intermediárias. Seguindo uma lógica, cada questão deve relacionar-se com aquela que a antecede e apresentar maior especificidade (GIL, 2012).

Para a construção de um questionário com **questões abertas**, já que elas se caracterizam por não delimitar alternativas de respostas, as opções são praticamente infinitas e variam conforme a amostra do estudo. Veja um exemplo:

Qual é a sua opinião a respeito da reforma da Previdência?

_____
_____
_____

O que você acha da política de posse de armas?

_____
_____
_____

O que você considera importante na administração de uma empresa?

_____
_____
_____

Em um mesmo questionário, você pode utilizar perguntas fechadas e abertas. Um tipo não exclui o outro. O que você deve considerar é se somente um tipo de questão atende ao problema pesquisado, ou se os dois tipos são necessários para atender aos objetivos do trabalho.

Para ter certeza a respeito da correta elaboração do instrumento, você pode fazer um estudo-piloto, aplicando o questionário em uma pequena amostra da população estudada. Marconi e Lakatos (2010) afirmam que um pré-teste funciona como uma verificação do instrumento antes de ele ser aplicado oficialmente. A ideia é evitar que a pesquisa traga respostas desnecessárias e ter a possibilidade de reformular as questões antes da versão final do questionário.

 **Saiba mais**

Consulte Hernández Sampieri, Fernández Collado e Baptista Lucio (2013) para ver exemplos de questionários que podem ajudá-lo na elaboração desse tipo de instrumento.

Roteiros de entrevistas e de observação

As técnicas de entrevista e observação possibilitam a utilização de roteiros estruturados. No caso das entrevistas, os objetivos da pesquisa é que determinam o seu conteúdo, o número de pessoas entrevistadas e o número de entrevistas com cada entrevistado. No caso da observação, você deve levar em conta que essa é uma técnica que prima pela obtenção de aspectos da realidade. Observar não consiste apenas em ver, ouvir e anotar, e sim em examinar os fenômenos que se deseja estudar (MARCONI; LAKATOS, 2010).

O instrumento de registro da observação pode assumir vários formatos. Na observação estruturada, o observador pode utilizar um formulário em que os comportamentos a serem observados são anteriormente definidos, de modo que ele só os assinala. Por exemplo, em um roteiro, o pesquisador pode criar uma tabela em que cada coluna corresponde a uma ação a ser observada e em que as linhas indicam o momento em que a ação ocorreu.

Gil (2012) informa que as categorias criadas para construir ambos os instrumentos variam conforme o objetivo. De forma geral, o roteiro de observação envolve a análise do contexto e a análise do comportamento das pessoas. Considere que também é possível gravar sons e imagens. Por fim, o roteiro da entrevista segue a estruturação de um questionário, como você já viu anteriormente.

Referências

ANDRADE, M. M. *Introdução à metodologia do trabalho científico*. 9. ed. São Paulo: Atlas, 2009.

BRANDÃO, C. R. *Diário de campo:* a antropologia como alegoria. São Paulo: Brasiliense, 1982.

DIEHL, A. A.; TATIM, D. C. *Pesquisa em ciências sociais aplicadas:* métodos e técnicas. São Paulo: Prentice-Hall, 2004.

FARIAS FILHO, M. C. *Planejamento da pesquisa científica*. 2. ed. São Paulo: Atlas, 2015.

GIL, A. C. *Métodos e técnicas de pesquisa social*. 6. ed. São Paulo: Atlas, 2012.

GRAY, D. E. *Pesquisa no mundo real*. 2. ed. Porto Alegre: Penso, 2012.

HERNÁNDEZ SAMPIERI, R.; FERNÁNDEZ COLLADO, C.; BAPTISTA LUCIO, M. P. *Metodologia de pesquisa*. 5. ed. Porto Alegre: AMGH, 2013.

LIMA, T. C. S.; MIOTO, R. C. T.; PRÁ, K. R. D. A documentação no cotidiano da intervenção dos assistentes sociais: algumas considerações acerca do diário de campo. *Revista Textos & Contextos*, Porto Alegre, v. 6, n. 1, p. 93-104, jan./jun. 2007. Disponível em: http://revistaseletronicas.pucrs.br/ojs/index.php/fass/article/view/1048/3234. Acesso em: 9 maio 2019.

MARCONI, M. A.; LAKATOS, E. M. *Fundamentos de metodologia científica*. 7. ed. São Paulo: Atlas, 2010.

OLIVEIRA, J. C. P. *et al.* O questionário, o formulário e a entrevista como instrumentos de coleta de dados: vantagens e desvantagens do seu uso na pesquisa de campo em ciências humanas. *In:* CONGRESSO NACIONAL DE EDUCAÇÃO, 3., 2016, Natal. *Anais* [...]. Natal: [*s. n.*], 2016. Disponível em: http://www.editorarealize.com.br/revistas/conedu/trabalhos/TRABALHO_EV056_MD1_SA13_ID8319_03082016000937.pdf. Acesso em: 9 maio 2019.

VICTORA, C. G.; KNAUTH, D. R.; HASSEN, M. N. A. *Pesquisa qualitativa em saúde:* uma introdução ao tema. Porto Alegre: Tomo Editorial, 2000.

Leitura recomendada

FALKEMBACH, E. M. F. Diário de campo: um instrumento de reflexão. *Revista Contexto & Educação*, Ijuí, v. 2, n. 7, p. 19-24, jul./set. 1987.

Análise de dados

Objetivos de aprendizagem

Ao final deste texto, você deve apresentar os seguintes aprendizados:

- Reconhecer as fases da análise de dados.
- Selecionar o método de análise de dados.
- Relacionar os dados coletados com a fundamentação e com os objetivos da pesquisa.

Introdução

Após a coleta dos dados, passa-se à fase seguinte da pesquisa, que é a análise dos elementos obtidos. Ela deve ser realizada para atingir os objetivos da pesquisa, confrontando os dados e as informações com as hipóteses criadas no estudo.

Essa fase é importante pois é ela que constrói os elos para que os dados sejam finalmente transformados em informações. Tais informações, por sua vez, geram o conhecimento buscado desde o início da pesquisa. Em síntese, a análise dos dados guia o pesquisador ao encontro das respostas que foram o fomento inicial do estudo.

Neste capítulo, você vai estudar a análise dos dados e as suas fases. A ideia é que você reflita sobre como examinar os dados e que identifique a melhor forma de estruturar a análise.

Fases da análise de dados

A análise de dados é uma das etapas da construção do estudo. Conforme Gil (2012, p. 156), "[...] a análise tem como objetivo organizar e sumariar os dados de forma tal que possibilitem o fornecimento de respostas ao problema proposto para investigação". Na análise de dados, o pesquisador entra em contato profundo com os dados coletados, a fim de conseguir respostas às suas indagações. A partir disso, ele estabelece as relações necessárias entre as informações obtidas e as hipóteses formuladas previamente. Tais hipóteses são comprovadas ou não a partir da análise (MARCONI; LAKATOS, 2017).

Para que a análise atenda às expectativas do pesquisador, ela pode ser dividida em fases. De acordo com Minayo (1992, p. 69), as fases da análise podem "Estabelecer uma compreensão dos dados coletados, confirmar ou não os pressupostos da pesquisa e/ou responder às questões formuladas e ampliar o conhecimento sobre o assunto pesquisado, articulando-o ao contexto cultural do qual faz parte".

Identificar as fases da análise de dados leva o pesquisador a se orientar melhor na construção da escrita dos resultados, pois tratar o material coletado é unir a abordagem teórica com a investigação de campo.

Na etapa da análise, o pesquisador já definiu se o seu estudo é qualitativo ou quantitativo. Cada tipo de estudo leva a fases distintas de análise de dados. Além disso, os processos de análise de dados podem variar em função do planejamento da pesquisa. Veja as fases de uma análise de dados quantitativos (GIL, 2012):

- estabelecimento de categorias;
- codificação;
- tabulação;
- análise estatística dos dados;
- avaliação das generalizações obtidas com os dados;
- inferência de relações causais;
- interpretação dos dados.

Como os dados quantitativos oferecem a possibilidade de comparação entre as variáveis, trabalhar com eles siginifica ter uma ampla gama de possibilidades de agrupamentos e controle, de acordo com os objetivos da pesquisa.

Quanto à análise de dados na pesquisa qualitativa, Creswell (2010) propõe o caminho que você pode ver na Figura 1. O autor ressalta que as fases são interativas. Assim, os estágios são inter-relacionados e nem sempre ocorrem na ordem apresentada.

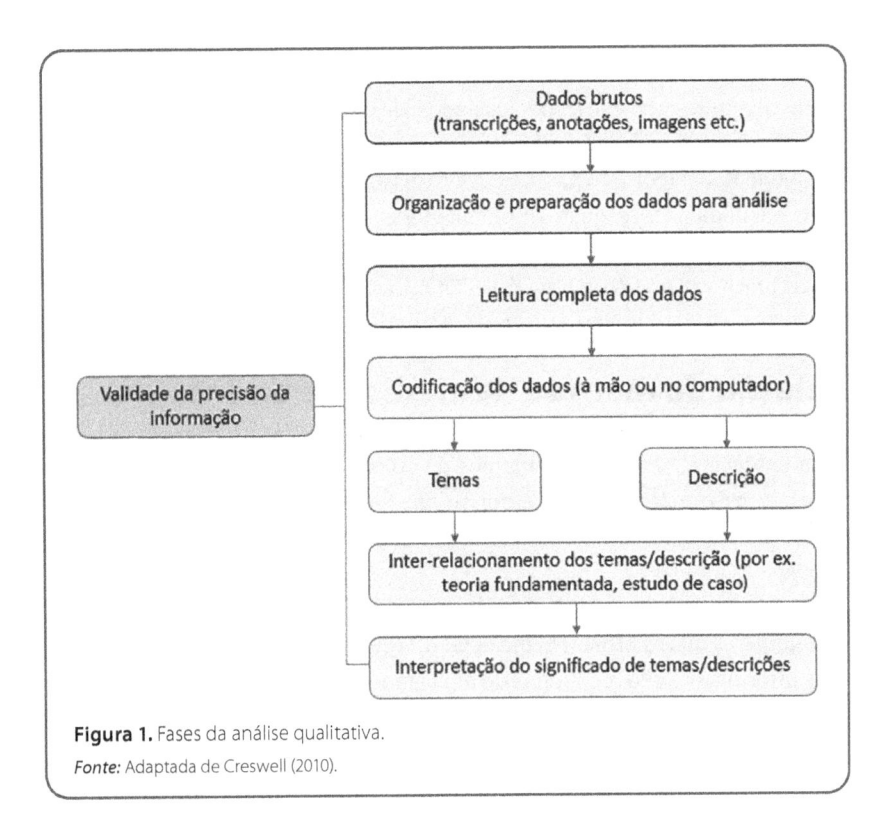

Figura 1. Fases da análise qualitativa.
Fonte: Adaptada de Creswell (2010).

Os passos apresentados por Creswell (2010) podem ser descritos mais especificamente como:

1. organizar e preparar os dados para a análise, o que envolve transcrever as informações coletadas dos instrumentos e organizá-las por tipo de dado, conforme a fonte da informação;
2. ler as informações coletadas e refletir sobre o seu significado global, verificando que ideias gerais foram obtidas na coleta de dados;
3. codificar os dados, ou seja, organizar as informações para atribuir significado a elas;
4. gerar, a partir da codificação dos dados, uma descrição geral do local, das pessoas, dos objetos de análise, etc.;
5. informar como a descrição e o tema serão apresentados na escrita dos resultados;
6. realizar a interpretação e extrair o significado dos dados.

Em resumo, os processos que definem a natureza da análise qualitativa são os seguintes: dar estrutura aos dados; descrever a experiência dos sujeitos pesquisados; compreender o contexto em que eles estão; interpretar e avaliar as unidades, categorias e padrões. Além disso, é necessário explicar situações, fatos e fenômenos; reconstruir perspectivas; vincular os dados à formulação do problema; e relacionar os resultados da análise com a teoria, ou construir novas teorias (SAMPIERI; COLLADO; LUCIO, 2013).

Seleção do método de análise de dados

Para analisar os dados provenientes da coleta de dados, o pesquisador tem de escolher o método que melhor se adequa ao seu propósito de pesquisa (incluindo tempo e custos financeiros). A partir disso, ele vai construir as conclusões do estudo.

Lembre-se de que a principal diferença entre os dados quantitativos e os qualitativos é que os primeiros incluem informações que podem ser comparadas. Tais informações são recolhidas de uma amostra específica de uma população por meio de questionários, formulários, roteiros de entrevistas, etc. Já os dados qualitativos são muito mais abertos a diferentes tipos de análise, pois as informações recolhidas na maioria das vezes não podem ser comparadas, visto que analisam situações particulares.

Análise de dados quantitativos

Como você viu anteriormente, os primeiros passos para a análise de dados quantitativos são a categorização e a codificação dos dados. A ideia é deixar os dados prontos para serem inseridos em um *software* estatístico que seja capaz de comparar e fornecer ao pesquisador as análises estatísticas necessárias. As técnicas estatísticas disponíveis constituem a principal fonte de informação para a caracterização e o resumo dos dados, assim como para a análise das relações entre as variáveis e o prolongamento das conclusões para além da amostra utilizada (GIL, 2012).

Existem diversos programas que fazem a análise dos dados. O seu funcionamento se dá em duas partes: definição de variáveis e matriz de dados. Uma não existe sem a outra e tudo é definido pelo pesquisador (SAMPIERI;

COLLADO; LUCIO, 2013). A utilização de *softwares* estatísticos dá suporte à construção da abordagem estatística do trabalho e possibilita a criação dos objetos de apresentação, como tabelas, gráficos e quadros.

Saiba mais

Entre os *softwares* de análise de dados quantitativos mais indicados, estão: SPSS, Minitab, SAS e STATS.

Análise de dados qualitativos

Os dados qualitativos incluem grande diversidade de elementos. Segundo Gibbs (2009), qualquer forma de comunicação entre as pessoas — escrita, auditiva, audiovisual — é passível de análises qualitativas. O importante é garantir que os dados sejam examinados, descritos e explicados da melhor maneira possível. Os dois tipos principais de análises qualitativas são a análise de conteúdo e a análise de discurso. Veja a seguir.

- **Análise de conteúdo:** esse tipo de análise prima pela descrição e pela interpretação do conteúdo de uma mensagem. Portanto, a sua utilização é indicada para a comunicação escrita. A análise de conteúdo é usada para a análise do significado de palavras, com o objetivo de encontrar sentido para o documento (FARIAS FILHO; ARRUDA FILHO, 2015). Ao usar esse tipo de análise, os pesquisadores estabelecem um conjunto de categorias e depois contam o número de vezes que os termos aparecem em cada categoria. Segundo Silverman (2009, p. 149), "[...] a análise de conteúdo presta uma atenção particular à confiabilidade [...] e à validade de seus achados por meio da contagem do uso da palavra".
- **Análise do discurso:** é uma prática da linguística no campo da comunicação e tem como objeto de análise as construções nas formas de comunicação escrita. Conforme Farias Filho e Arruda Filho (2015, p. 145), "[...] a análise do discurso é uma técnica de análise das intenções

e das motivações do autor ao fazer tal discurso, ou ao emitir uma mensagem". A análise do discurso se preocupa com o contexto social do emissor da sentença, pois esta sempre vem carregada dos valores do indivíduo responsável pelo discurso (FARIAS FILHO; ARRUDA FILHO, 2015).

Além desses dois tipos de análise, existe a possibilidade de analisar dados qualitativos por meio de *softwares* de análise, como acontece no caso da análise de dados quantitativos. Conforme Gibbs (2009, p. 136), os *softwares* de análises de dados qualitativos (SADQ) oferecem muitas formas de tratar um texto, pois permitem que os pesquisadores mantenham "[...] bons registros de suas impressões, análises, além de fornecer acesso aos dados para que possam ser analisados e examinados".

 **Saiba mais**

Os três programas de análise de dados estatísticos qualitativos mais utilizados pelos pesquisadores são: Atlas.ti, MAXQDA e Nud.ist.

Os dados coletados, a fundamentação e os objetivos da pesquisa

Após o planejamento da metodologia, a escolha da ferramenta de coleta de dados e a posterior análise de dados, chega-se à última, mas não menos importante, etapa do estudo: relacionar os dados coletados e analisados com os fundamentos e com os objetivos da pesquisa. Após a análise dos dados, a informação tratada deve servir para alcançar os objetivos e a questão norteadora da pesquisa. Conforme Farias Filho e Arruda Filho (2015, p. 138):

> A análise deve ser feita para atender aos objetivos da pesquisa, para comparar e confrontar dados e informações com as hipóteses e as questões de pesquisa, ou seja, para confirmar ou rejeitar a(s) hipótese(s) ou os pressupostos da pesquisa; para o pesquisador verificar se os resultados da pesquisa conseguiram responder às questões iniciais.

Quando se chega a esse ponto da pesquisa, os dados já foram interpretados e é necessário desmembrá-los para que eles sejam capazes de responder ao problema de pesquisa. Além disso, é preciso estabelecer conexões entre o que foi proposto no projeto e o que foi obtido, admitindo-se que os dados respondem aos questionamentos propostos.

Esse é o momento de afirmar que os resultados foram alcançados satisfatoriamente. Se não o foram, a questão da pesquisa não foi respondida e, por conseguinte, o estudo não teve validade. O pesquisador deve comentar por que os resultados se apresentaram de tal maneira e se eles foram suficientes para o alcance dos objetivos do estudo. Além disso, é necessário apontar quais fatores e variáveis podem ter influenciado os resultados (MARTINS JÚNIOR, 2009).

Ao escrever esse capítulo do estudo, o pesquisador deve contemplar a análise dos dados e a apresentação dos resultados, no sentido de responder ao questionamento central da pesquisa. Conforme Gray (2012), a ideia é ressaltar os resultados obtidos e as suas consequências. De acordo com Martins Júnior (2009, p. 142), nessa fase do estudo, é preciso:

> Responder às questões formuladas na delimitação do problema; responder aos objetivos específicos formulados; responder ao objetivo geral; confirmar ou rejeitar a hipótese do trabalho; citar as limitações (sempre que forem detectadas ao longo do trabalho); propor sugestões para novas pesquisas com temas semelhantes.

Essas etapas são, na verdade, o resultado de tudo o que foi previsto no estudo, porém agora já com as respostas encontradas. A conclusão do trabalho está sempre ligada aos seus objetivos e precisa conter as respostas para cada objetivo anteriormente proposto. É de suma importância que os propósitos e o problema da pesquisa sejam respondidos de forma definitiva.

O estudo é um encadeamento de fatos baseado nas respostas encontradas na análise de dados. Ao se efetivar a análise, fecha-se o ciclo da construção do estudo, pois as respostas encontradas vão responder aos objetivos propostos e os questionamentos vão cessar. Para entender melhor, observe a Figura 2, a seguir.

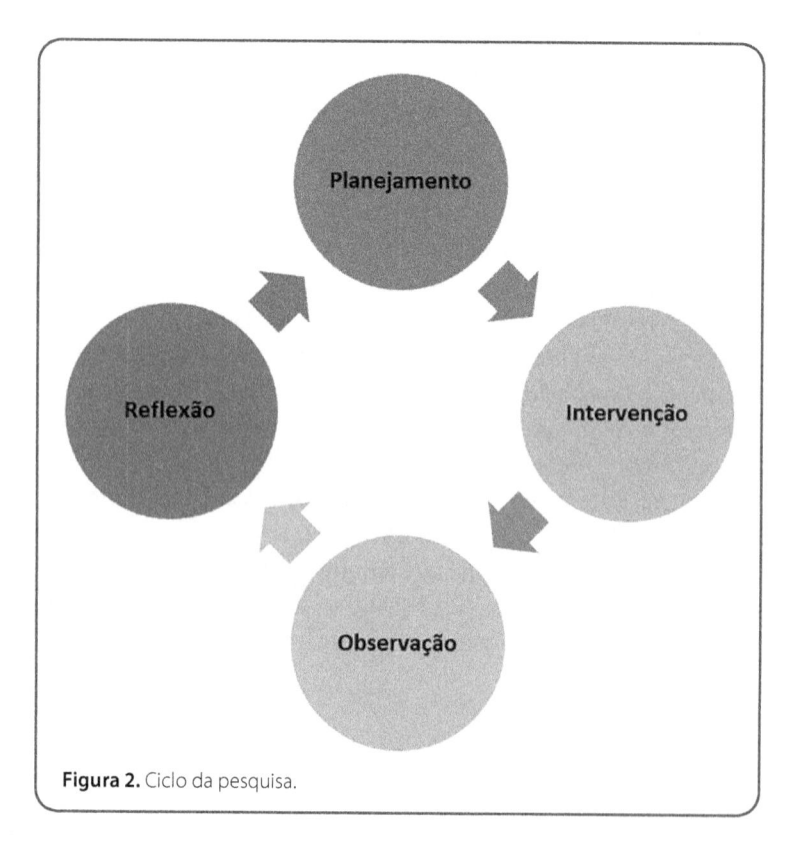

Figura 2. Ciclo da pesquisa.

Ao atingir os objetivos propostos, a pesquisa cria um novo conhecimento para a área em que se insere. Então, o pesquisador pode elucidar o que o seu estudo agrega à produção de conhecimento da ciência e sugerir que novas pesquisas sejam feitas a partir de seu trabalho.

 ## Referências

CRESWELL, J. W. *Projeto de pesquisa:* métodos qualitativo, quantitativo e misto. 3. ed. Porto Alegre: Artmed, 2010.

FARIAS FILHO, M. C.; ARRUDA FILHO, E. J. M. *Planejamento da pesquisa científica*. 2. ed. São Paulo: Atlas, 2015.

GIBBS, G. *Análise de dados qualitativos*. Porto Alegre: Artmed, 2009.

GIL, A. C. *Métodos e técnicas de pesquisa social*. 6. ed. São Paulo: Atlas, 2012.

GRAY, D. E. *Pesquisa no mundo real*. 2. ed. Porto Alegre: Penso, 2012.

MARCONI, M. de A.; LAKATOS, E. M. *Fundamentos de metodologia científica*. 8. ed. São Paulo: Atlas, 2017.

MARTINS JUNIOR, J. *Como escrever trabalhos de conclusão de curso:* instruções para planejar e montar, desenvolver, concluir, redigir e apresentar trabalhos monográficos e artigos. Petrópolis: Vozes, 2008.

MINAYO, M. C. de S. *O desafio do conhecimento:* pesquisa qualitativa em saúde. 14. ed. São Paulo: HUCITEC, 2014.

SAMPIERI, R. H.; COLLADO, C. F.; LUCIO, M. del P. B. *Metodologia de pesquisa*. 5. ed. Porto Alegre: Penso, 2013.

SILVERMAN, D. *Interpretação de dados qualitativos:* métodos para análise de entrevistas, textos e interações. 3. ed. Porto Alegre: Artmed, 2009.

Ética na pesquisa

Objetivos de aprendizagem

Ao final deste texto, você deve apresentar os seguintes aprendizados:

- Explicar como a ética é necessária para a realização de uma pesquisa científica.
- Identificar as informações e tipos de documentos necessários para a realização de pesquisas.
- Reconhecer os atores envolvidos no desenvolvimento de uma pesquisa e suas relações éticas.

Introdução

A palavra "ética" vem do grego *ethos*, que significa caráter, costume. Ela designa o conjunto de princípios morais que guiam as escolhas relativas ao comportamento e aos relacionamentos que as pessoas desenvolvem umas com as outras. A ética serve para que exista um equilíbrio na conduta e nas relações das pessoas em sociedade. Além disso, ela é útil para que ninguém seja prejudicado nas suas relações sociais.

Como você pode imaginar, a ética também está relacionada à pesquisa científica. Neste capítulo, você vai ver como a ética é necessária no relacionamento entre pesquisadores e pesquisados e na elaboração do estudo.

A ética na realização de uma pesquisa científica

A ética na pesquisa está ligada aos princípios morais que orientam o trabalho do pesquisador. Ela implica a adequação do comportamento do pesquisador em relação aos sujeitos da pesquisa. Os fundamentos éticos na pesquisa se aplicam tanto à pesquisa qualitativa quanto à quantitativa, embora as especificações técnicas sejam bem diferentes.

A preocupação com a ética na pesquisa surgiu após a Segunda Guerra Mundial, a partir do aparecimento de evidências de experimentos com vítimas do nazismo nos campos de concentração. Tanto que, em 1947, foi criado o Código de Nuremberg. Ele foi elaborado a partir do tribunal de Nuremberg, que julgou os crimes de guerra. O documento lista 10 padrões a serem seguidos por quem realiza pesquisas que envolvam pessoas.

Link

Para conhecer os 10 mandamentos do código de Nuremberg, acesse o *link* a seguir.

https://qrgo.page.link/mdGrn

Posteriormente, em 1964, foi editada a Declaração de Helsinque pela Associação Médica Mundial. Tal declaração buscou integrar os interesses dos sujeitos do estudo com a necessidade da realização de pesquisas científicas. Até 2013, ela já havia sofrido sete revisões e inclusões de novos aspectos (GRAY, 2012).

O envolvimento ético está presente em todos os aspectos da pesquisa, incluindo a decisão do tema, a seleção da amostra, a aplicação da pesquisa e a publicação dos resultados. O modo como o pesquisador lida com a ética de cada uma dessas etapas mostra o envolvimento e o respeito que ele tem com o seu estudo.

A ética na pesquisa se preocupa com os problemas que podem ser causados pela intervenção de pesquisadores nas vidas das pessoas pesquisadas. A seguir, veja os oito princípios da ética na pesquisa elaborados por Schnell e Heinritz (2006, p. 21 *apud* FLICK, 2012).

1. Os pesquisadores têm de ser capazes de justificar por que a pesquisa sobre seu tema é realmente necessária.
2. Os pesquisadores devem ser capazes de explicar qual é o objetivo da sua pesquisa e sob que circunstâncias os indivíduos participam dela.
3. Os pesquisadores devem ser capazes de explicar os procedimentos metodológicos de seus projetos.
4. Os pesquisadores devem ser capazes de estimar se os atos da sua pesquisa terão consequências positivas ou negativas eticamente relevantes para os participantes.
5. Os pesquisadores devem avaliar as possíveis violações e danos decorrentes da realização do seu projeto e ser capazes de fazê-lo antes de iniciar o estudo.

6. Os pesquisadores têm de tomar medidas para evitar possíveis violações e danos identificados de acordo com o princípio 5.

7. Os pesquisadores não devem fazer declarações falsas sobre a utilidade de sua pesquisa.

8. Os pesquisadores têm de respeitar as regulamentações atuais de proteção dos dados.

Esses princípios buscam garantir que os pesquisadores realizem seus procedimentos de forma cuidadosa. Afinal, o objetivo maior de se ter uma ética na pesquisa é evitar e até mesmo eliminar possíveis danos aos envolvidos.

Nos últimos anos, a ética na pesquisa está cada vez mais em debate, o que resultou no nascimento de muitos códigos de ética institucionais. Tais códigos têm como objetivo normatizar a postura ética dos pesquisadores, definindo o comportamento ideal que se espera no desenvolvimento de estudos, e proteger as instituições de possíveis processos judiciais.

De acordo com Gray (2012, p. 65), um dos princípios mais importantes é o de garantir o consentimento informado, que "[...] significa que todos os participantes da pesquisa recebem informações suficientes e acessíveis sobre o projeto para que possam tomar uma decisão informada sobre seu envolvimento ou não". Todos os possíveis participantes de uma pesquisa têm o direito de receber informações detalhadas sobre a natureza e os objetivos do estudo, para que tenham a chance de optar por participar ou não. Veja os objetivos do consentimento informado (SILVERMAN, 2009):

- disponibilizar informações sobre a pesquisa para os participantes, para que eles decidam sobre a própria participação;
- certificar-se de que os sujeitos entendam as informações;
- garantir que a participação seja voluntária (pode ser solicitado um documento por escrito);
- obter o consentimento dos pais quando os sujeitos não são competentes para concordar (por exemplo, crianças).

O consentimento informado é particularmente essencial quando há grupos considerados "vulneráveis" (crianças, idosos, dependentes químicos, pessoas em situação de rua), pois eles podem ser mais propensos à coerção e à exploração (SILVERMAN, 2009).

Em algumas situações, o consentimento informado pode ser difícil de conseguir, como em casos de observações em estações de trem, *shoppings*, etc., pelo alto número de transeuntes. Além disso, há casos em que informar os participantes a respeito da pesquisa pode afetar o resultado. Porém, se existir a mínima possibilidade de informar os participantes, isso deve ser realizado (FLICK, 2012).

Antes de realizar a pesquisa, é sempre aconselhável revisar alguns pontos para verificar se a ética está devidamente proposta no trabalho. Observe o Quadro 1, a seguir, que lista uma série de informações que devem ser levadas em conta.

Quadro 1. Lista para a verificação de questões éticas

Questão ética	Considerações
Privacidade	Todos têm o direito de não participar de pesquisas. Além disso, todo participante tem o direito de ser contatado em momentos razoáveis e de se retirar a qualquer momento.
Promessa e reciprocidade	O que os participantes ganham ao cooperar com a pesquisa? Se forem feitas promessas, devem ser cumpridas.
Avaliação de risco	De que forma a pesquisa proporcionará às pessoas algum tipo de estresse ou risco?
Confidencialidade	Quais tipos de promessas de confidencialidade podem ser cumpridas na prática? Não se devem fazer promessas que não possam ser cumpridas.
Consentimento informado	Qual o tipo de consentimento formal é necessário e como será informado?
Acesso aos dados e sua propriedade	Quem terá acesso aos dados e a quem eles pertencem? Certificar-se de que isso seja especificado no contrato da pesquisa.
Saúde mental do pesquisador	Como o pesquisador será afetado pela realização da pesquisa?
Aconselhamento	Quem o pesquisador usará como confidente ou conselheiro em questões éticas durante a pesquisa?

Fonte: Adaptado de Gray (2012).

A preocupação com a ética deve ser redobrada quando o estudo tiver alguma aplicação ou interação *on-line*. Nesses casos, a discussão relativa ao anonimato e à proteção dos dados se faz muito mais presente porque a segurança na *web* é mais difícil de ser mantida.

Documentos necessários para a realização de pesquisas

A prática da pesquisa no Brasil está regulamentada pela Resolução nº. 196 (BRASIL, 1996), quando foi criada a Comissão Nacional de Ética em Pesquisa (CONEP), uma comissão do Conselho Nacional em Saúde, e pela Resolução nº. 466 (BRASIL, 2012), que dispõe e aprova as diretrizes e normas regulamentadoras de pesquisas envolvendo seres humanos.

Além disso, há a Resolução nº. 510 do Conselho Nacional de Saúde (BRASIL, 2016). Ela descreve as normas aplicáveis a pesquisas em ciências humanas e sociais cujos procedimentos metodológicos envolvam a utilização de dados diretamente obtidos com os participantes, ou a utilização de informações identificáveis ou que possam acarretar riscos maiores do que os existentes na vida cotidiana.

Link

Para ler os textos das resoluções, acesse os *links* a seguir.
- Resolução nº. 466:

    https://qrgo.page.link/wTKMm

- Resolução nº. 510:

    https://qrgo.page.link/3B2HD

Até 2012, o *site* do Sistema Nacional de Informação sobre Ética em Pesquisa (SISNEP) era utilizado para o registro das pesquisas. Após, foi lançada a Plataforma Brasil, uma base nacional unificada de registros de pesquisas que permite que as pesquisas registradas sejam acompanhadas em todos os seus estágios, desde a submissão até a aprovação final pelo Comitê de Ética em Pesquisa (CEP) (SISNEP, 2019).

Segundo o Ministério da Saúde, a criação dessa plataforma é um passo importante para a agilidade do registro das pesquisas, pois possibilita o envio de toda a documentação de forma *on-line* (SISNEP, 2019). Os documentos a serem submetidos ao Comitê de Ética em Pesquisa no Brasil, via Plataforma Brasil, podem variar conforme o tipo de pesquisa. Segundo Santos (2015, p. 128), os principais são os seguintes:

– cópia do projeto de pesquisa;

– folha de rosto da CONEP para estudos envolvendo seres humanos;

– folha de rosto ou de identificação (ou outro documento similar) da instituição de ensino ou de fomento à pesquisa à qual os pesquisadores estão vinculados;

– Termo de Consentimento Livre e Esclarecido (TCLE), documento obrigatório em pesquisas que envolvam seres humanos;

– termo de autorização para gravação de som, imagens e/ou fotografias;

– declaração de ciência e concordância das instituições envolvidas, que só é obrigatória quando a coleta de material envolve sujeitos de pesquisa vinculados a uma instituição;

– termo de autorização para uso de prontuários, obrigatório quando há necessidade de acessar documentos sigilosos, confidenciais, reservados.

Após o preenchimento de todos os itens e a entrega dos documentos necessários na Plataforma Brasil, o projeto passa por uma avaliação. A ideia é conferir se todos os princípios éticos foram observados. O pesquisador responsável pode acompanhar tudo diretamente na plataforma.

O projeto pode ser devolvido com aprovação total; com pendências, se a comissão recomendar revisões; e com a possibilidade de ser submetido novamente e não aprovado, se o protocolo de pesquisa estiver com graves problemas éticos (SANTOS, 2015).

Link

No *link* a seguir, você pode conferir o manual para preenchimento da Plataforma Brasil, editado e publicado pela Universidade de São Paulo (USP).

https://qrgo.page.link/NvR4G

Atores de uma pesquisa e suas relações éticas

Os atores de uma pesquisa são as pessoas responsáveis pelo projeto. Cada uma oferece a sua contribuição. O autor, na sua figura principal de agente da pesquisa, deve ser o responsável pela criação inédita e pela fundamentação metodológica de toda a pesquisa, com a ajuda de seu orientador.

Nesse contexto, há um ponto central quando se fala em criação de material inédito para a ciência: o plágio acadêmico. O plágio é o uso de ideias alheias sem os créditos devidos. Nos últimos anos, ele está se tornando cada vez mais usual e preocupante dentro da comunidade acadêmica, causado principalmente pelo acesso a informações disponíveis na internet (GRAY, 2012).

Existem várias formas de se plagiar, ou seja, de copiar ideias alheias sem fazer a devida referência. O plágio pode ser parcial ou integral. Pratti (2014, p. 115) expõe que os motivos da má utilização de fontes de informação nas pesquisas científicas são, em sua maioria:

> [...] facilidade do acesso à informação (por meio da internet), falta de capacidade de parafrasear (copiar sem construir novas ideias a partir da ideia de outros autores), pouco valor à produção própria e falta de análise crítica de trabalhos pesquisados, [...] facilidade no acesso a programas de tradução e falta de conhecimento das regras da escrita científica.

Ter muita informação à disposição não justifica o seu uso incorreto. Em 2010, a Ordem dos Advogados do Brasil (OAB) lançou uma proposição quanto ao plágio nas instituições de ensino superior. Nela, existe a recomendação de que os professores utilizem *softwares* para a detecção de plágio como uma rotina em suas atividades (PRATTI, 2014). Além disso, o relatório da Comissão de Integridade da Pesquisa do CNPq (2011) inclui algumas linhas de ação contra o plágio:

- ações preventivas e pedagógicas, tais como o esclarecimento sobre o plágio e a ética nas publicações científicas dentro das universidades;
- ações de desencorajamento a condutas relativas ao plágio, inclusive de natureza punitiva (segundo o CNPq, conduzidas por comissão própria).

O relatório do CNPq (2011, documento *on-line*) frisa que a relação ética precisa ser sempre levada em conta, na expectativa de que todo trabalho de pesquisa seja "[...] conduzido dentro de padrões éticos na sua execução, seja com animais ou seres humanos". O CNPq tenta, a partir desse relatório, esclarecer eticamente os estudantes em sua fase inicial de pesquisa, logo no início de sua jornada acadêmica, tornando os professores figuras-chave nesse processo. A ideia é que o debate sobre o que é ético ou não sempre esteja presente nos meios acadêmicos.

Além do plágio tradicional, em que um autor é copiado sem as devidas citação e referência, ainda existe o autoplágio, que é quando o autor usa seu próprio texto que já foi publicado. Também ocorre a falsificação de resultados para a pesquisa (PRATTI, 2014). Portanto, fique atento: na construção do seu texto, sempre cite as fontes utilizadas em seu trabalho. As citações diretas (literais) devem ser colocadas entre aspas; as paráfrases devem reproduzir a ideia do autor, que precisa ser citado; e todas as fontes devem ser listadas na seção de referências.

Como forma de combater as utilizações erradas de obras e proteger os direitos do autor, em 1998, foi criada no Brasil a Lei nº. 9.610, a Lei de Direito Autoral. Ela define que o "Autor é a pessoa física criadora de obra literária, artística ou científica", sendo os seus direitos inalienáveis, ou seja, eles não podem ser cedidos ou vendidos para outrem (BRASIL, 1998).

A lei também prevê, nos incisos do seu art. 29, que "Depende de autorização prévia e expressa do autor a utilização da obra, por quaisquer modalidades" (BRASIL, 1998, documento *on-line*), entre elas reprodução parcial ou integral, edição, adaptação, tradução, distribuição, etc. Ou seja, plagiar pode ser considerado crime segundo a legislação brasileira. Por isso, é indispensável sempre citar todas as fontes utilizadas no trabalho e dar o devido crédito a quem participa da construção do estudo. Afinal, uma pesquisa de qualidade se faz com a contribuição de várias pessoas preocupadas com os reflexos éticos envolvidos.

Link

No *link* a seguir, você vai encontrar algumas plataformas que podem ser usadas pelos professores e pela comunidade científica para identificar plágios.

https://qrgo.page.link/uDYNg

Referências

BRASIL. *Lei nº. 9.610, de 19 de fevereiro de 1998*. Altera, atualiza e consolida a legislação sobre direitos autorais e dá outras providências. Brasília: Senado Federal, 1998. Disponível em: http://www.planalto.gov.br/ccivil_03/leis/l9610.htm. Acesso em: 20 maio 2019.

BRASIL. Ministério da Saúde. *Resolução nº. 196, de 10 de outubro de 1996*. Brasília: MS, 1996. Disponível em: http://bvsms.saude.gov.br/bvs/saudelegis/cns/1996/res0196_10_10_1996.html. Acesso em: 20 maio 2019.

BRASIL. Ministério da Saúde. *Resolução nº. 466, de 12 de dezembro de 2012*. Brasília: MS, 2012. Disponível em: http://bvsms.saude.gov.br/bvs/saudelegis/cns/2013/res0466_12_12_2012.html. Acesso em: 20 maio 2019.

BRASIL. Ministério da Saúde. *Resolução nº. 510, de 7 de abril de 2016*. Brasília: MS, 2016. Disponível em: http://bvsms.saude.gov.br/bvs/saudelegis/cns/2016/res0510_07_04_2016.html. Acesso em: 20 maio 2019.

CNPQ. *Relatório da comissão de integridade de pesquisa do CNPq*. Brasília: CNPq, 2011. Disponível em: http://www.cnpq.br/documents/10157/a8927840-2b8f-43b9-8962-5a2ccfa74dda. Acesso em: 20 maio 2019.

FLICK, U. *Introdução à metodologia de pesquisa:* um guia para iniciantes. Porto Alegre: Penso, 2012.

GRAY, D. E. *Pesquisa no mundo real*. 2. ed. Porto Alegre: Penso, 2012.

PRATTI, L. E. Plágio acadêmico. *In:* KOLLER, S. H.; COUTO, M. C. P. de P.; HOHENDORFF, J. V. (org.). *Manual de produção científica*. Porto Alegre: Penso, 2014.

SANTOS, P. A. dos. *Metodologia da pesquisa social:* da proposição de um problema à redação e apresentação do relatório. São Paulo: Atlas, 2015.

SILVERMAN, D. *Interpretação de dados qualitativos:* métodos para análise de entrevistas, textos e interações. 3. ed. Porto Alegre: Artmed, 2009.

SISNEP. *Pesquisador*. Brasília: SISNEP, 2019. Disponível em: http://portal2.saude.gov.br/sisnep/pesquisador/. Acesso em: 20 maio 2019.

Leituras recomendadas

CÓDIGO de Nuremberg: Tribunal Internacional de Nuremberg – 1947. Porto Alegre: UFRGS, 1997. Disponível em: https://www.ufrgs.br/bioetica/nuremcod.htm. Acesso em: 20 maio 2019.

UNIVERSIDADE FEDERAL DO AMAZONAS. *Manual ilustrado para preenchimento da Plataforma Brasil*. Amazonas: UFAM, [200-?]. Disponível em: http://www.cep.ufam.edu.br/attachments/010_Manual%20Ilustrado%20da%20Plataforma%20Brasil%20(CEP-UFAM).pdf. Acesso em: 20 maio 2019.

UNIVERSIDADE DE SÃO PAULO. *Anti-plágio*. São Carlos: USP, 2012. Disponível em: http://caliope.cisc.usp.br/anti-plagio/. Acesso em: 20 maio 2019.

Apresentação de pesquisa

Objetivos de aprendizagem

Ao final deste texto, você deve apresentar os seguintes aprendizados:

- Identificar os tipos de textos científicos.
- Descrever a estrutura de cada tipo de texto científico.
- Apresentar um trabalho de pesquisa científica.

Introdução

O cenário científico é povoado por diversos estudos realizados com o propósito central de gerar conhecimento, alimentando o saber. Nesse contexto, são elaborados diversos textos científicos como produto dos referidos estudos com a intenção de registrar detalhes e resultados. Logicamente, as diferenças existentes entre os diversos estudos promovem também diferenças nos textos destinados à sua apresentação.

Neste capítulo, você vai conhecer os diferentes tipos de textos científicos. Você vai ver a estrutura formadora de cada um desses tipos e ainda o conjunto de elementos necessários para a apresentação de um trabalho de pesquisa científica.

Os tipos de textos científicos

Um texto científico possui características únicas que o distinguem dos demais. Entre elas, o fato de que é produzido com o propósito de promover o conhecimento, seja oportunizando novas descobertas ou aprofundando um assunto já conhecido. Para tanto, o texto científico possui compromisso com a veracidade dos fatos que relata, o que faz com uma linguagem neutra, sóbria, sem vieses e direcionamentos que não estejam solidamente respaldados na argumentação ou que não decorram logicamente dos fatos observados. Assim, o texto científico é escrito em linguagem científica para que seja capaz de oferecer um avanço, solidamente construído, no conhecimento à disposição da humanidade (KOLLER; COUTO; HOHENDORFF, 2014).

De modo geral, trabalhos científicos devem ser elaborados de acordo com normas preestabelecidas e com objetivos ligados às intenções do pesquisador. Os trabalhos científicos devem ainda ser inéditos ou originais. Eles devem não somente ampliar os conhecimentos ou a comparação de certos problemas, mas também servir de modelo para outros trabalhos que contribuam para a ciência. Desse modo, os trabalhos científicos devem permitir (MARCONI; LAKATOS, 2017):

- reproduzir as experiências e obter os resultados descritos com a mesma precisão e sem ultrapassar a margem de erro indicada pelo autor;
- repetir as observações e julgar as conclusões do autor;
- verificar a exatidão das análises e deduções que permitiram ao autor chegar a tais conclusões.

Identificam-se como trabalhos científicos:

- observações ou descrições originais, que podem ser de fenômenos naturais, espécies novas, estruturas e funções, mutações e variações, dados ecológicos, etc.;
- trabalhos experimentais, que abordam os mais variados campos e representam uma das mais férteis modalidades de investigação, por submeter o fenômeno estudado às condições controladas da experiência;
- trabalhos teóricos, que podem ser análises ou sínteses de conhecimentos, levando à produção de conceitos novos por via indutiva ou dedutiva, apresentação de hipóteses, teorias, etc.

Nesse contexto, são encontrados diferentes tipos de textos científicos. Assim, a escrita científica se apresenta em diversos formatos, como resumos, resenhas, artigos científicos e capítulos de livros, livros, projetos e painéis, relatórios, monografias, dissertações, teses e tantos outros. Entre eles, destacam-se alguns tipos, como você pode ver a seguir (MARCONI; LAKATOS, 2017; AQUINO, 2010; SEVERINO, 2007).

- **Monografia:** é um trabalho científico que estuda um tema específico ou particular, que deve possuir um valor representativo suficiente e, ao mesmo tempo, obedecer a uma criteriosa metodologia. A monografia deve investigar determinado assunto não só em profundidade, mas nos mais diversos ângulos e aspectos em que se apresenta. Ela possui como características ser um trabalho escrito, sistemático e completo. Deve ter um tema específico ou particular de uma ciência ou de uma parte dela. Normalmente, o tratamento do tema é extenso em profundidade, nas não em alcance, sendo, assim, limitado. Além disso, a monografia tem metodologia específica.

Fique atento

O termo "monografia" designa um certo tipo de trabalho científico especial, considerado um trabalho que deve ter uma abordagem reduzida a um único assunto, tendo um único problema e um tratamento específico. Assim, é caracterizado mais pela unicidade e pela delimitação do tema e pela profundidade do tratamento do que por suas eventuais extensão, generalidade e valor didático.

- **Dissertação:** é um trabalho científico que consiste em um estudo teórico, possuindo uma natureza reflexiva. Ela consiste na ordenação de ideias a partir de determinado tema, podendo ainda ser a aplicação de uma teoria existente. Assim, é um dos tipos de trabalho científico normalmente apresentados ao final do curso de pós-graduação, visando à obtenção do título de mestre. Tendo em vista que é um estudo teórico, de natureza reflexiva, necessita de sistematização, ordenação e interpretação dos dados. Por ser um estudo formal, requer a metodologia própria do trabalho científico. A dissertação fica localizada em ordem hierárquica entre a monografia e a tese, porque aborda temas em maior extensão e profundidade do que a primeira e é fruto de reflexão e de rigor científico, próprios da tese.
- **Tese:** é o trabalho científico cuja origem remonta à Idade Média. Na época, a apresentação de tal trabalho representava o momento mais alto de quem aspirava ao título de doutor. Nos dias de hoje, a tese é exigida para a obtenção dos títulos de doutor e de livre-docente. A tese é o trabalho científico que apresenta o mais alto nível de pesquisa, requerendo não só a exposição e a explicação do material coletado, mas também a análise e a interpretação dos dados. É um tipo de trabalho científico que expõe e soluciona um problema, argumentado e apresentando as razões baseadas nas evidências dos fatos, com o objetivo de provar se as hipóteses levantadas são falsas ou verdadeiras. A tese é considerada um teste de conhecimento para o candidato, que deve

demonstrar capacidade de imaginação, de criatividade e habilidade não só para relatar o trabalho, mas também para apresentar soluções para determinado problema. A tese deve ainda ser um estudo exaustivo da literatura científica, diretamente relacionado com o tema escolhido, e contribuir para o enriquecimento do saber no âmbito do assunto tratado.

- **Artigo científico:** é um trabalho científico baseado em pequenos estudos, porém completos, que trata de uma questão científica. Ele se distingue dos diferentes tipos de trabalhos científicos pela sua reduzida dimensão e conteúdo. É normalmente publicado em revistas ou periódicos especializados, impressos ou eletrônicos. Tendo em vista que os artigos científicos são em sua maioria completos, permitem ao leitor, mediante a descrição da metodologia empregada, do processamento utilizado e dos resultados obtidos, repetir a experiência.

- **Resenha:** é o trabalho científico que visa a apresentar uma descrição minuciosa do conteúdo de uma obra. Consiste ainda na realização de uma leitura, um resumo e uma crítica, bem como na formulação de um conceito por parte do resenhista. A resenha, em geral, é elaborada por um especialista que, além do conhecimento sobre o assunto, tem capacidade de juízo crítico. Também pode ser realizada por estudantes; nesse caso, como um exercício de compreensão e crítica. A finalidade de uma resenha é informar ao leitor, de maneira objetiva e cortês, sobre o assunto tratado no livro, evidenciando a contribuição do autor em relação a novas abordagens, novos conhecimentos, novas teorias. A resenha visa, portanto, a apresentar uma síntese das ideias fundamentais da obra.

Entre todos os formatos apresentados, há um que se destaca: o artigo científico. Isso ocorre porque o artigo científico representa uma maior pontuação em concursos e é importante para a ascensão profissional em ambientes como universidades e institutos de pesquisa, o que o torna uma peça fundamental no currículo de todo cientista. Os artigos científicos podem ser definidos como "[...] pequenos estudos, porém completos, que tratam de uma questão verdadeiramente científica", existem diversas modalidades de artigos científicos, entre as quais cabe destacar e diferenciar duas (MARCONI; LAKATOS, 2007, p. 286). Veja a seguir.

- Artigo original: relato de experiências de pesquisa, estudo de caso, comunicação ou notas prévias, etc.
- Artigo de revisão: análise e discussão de trabalhos já publicados, revisões bibliográficas, etc. (AQUINO, 2010).

Além de saber que existem diferentes tipos de textos científicos, com suas características e propósitos específicos, é importante você conhecer os fatores que influenciam a estruturação de cada um dos tipos. Cada um deles é formado por um conjunto específico de elementos. É isso que você vai ver a seguir.

A estrutura de cada tipo de texto científico

Assim como todo e qualquer texto, um escrito científico corresponde a um conjunto de elementos. Para que o resultado desse conjunto seja efetivo, não basta que cada elemento cumpra seu papel de forma isolada: eles precisam estar adequadamente organizados e sistematizados para que o texto científico apresente a estrutura que dele se espera. A adequada disposição dos elementos forma um caminho a ser seguido tanto por quem escreve quanto por quem lê o texto. Tal caminho leva pesquisa e pesquisador ao encontro de seus objetivos. Portanto, é importante que você conheça quais são as partes do texto, entendendo qual é o papel de cada uma e a sequência a ser seguida, ou seja, quais são os elementos do corpo científico e as suas principais funções (AQUINO, 2010). Afinal, "[...] pode-se dizer que o primeiro desafio que o leitor enfrenta diz respeito à forma como os textos se estruturam" (MARCONI; LAKATOS, 2017, p. 3).

Os elementos que podem estar presentes em um texto científico geralmente são agrupados em três partes básicas: introdução, desenvolvimento e conclusão (BARROS; LEHFELD, 2000; MARCONI; LAKATOS, 2017).

A **introdução** é a parte inicial de um trabalho científico e possui os seguintes componentes: justificativa do tema, explicação do objeto e do objetivo, clarificação dos termos utilizados, exposição metodológica, situação de tempo e espaço em que o tema-problema é realizado. A introdução de um trabalho científico tem por finalidade a formulação simples e clara do tema de pesquisa e a apresentação reduzida do que será trabalhado.

O **desenvolvimento** é um relato escrito composto de capítulos e/ou partes redacionais e comunicativas. É a parte do trabalho científico que apresenta objetividade, clareza e precisão, tendo por objetivo cumprir três estágios:

- explicar, ou seja, tornar evidente o que estava implícito, oculto ou complexo, bem como descrever objetivando classificar e definir conceitos;
- discutir, que consiste em comparar as várias posições que se entrelaçam dialeticamente;
- demonstrar, isto é, aplicar a argumentação apropriada à natureza do trabalho, ou propor novas verdades a partir de verdades já estabelecidas.

A **conclusão** consiste no resumo final, mas que não deve ser fundamentalmente a afirmação sintética da ideia central do trabalho. Assim, ela deve conter comentários sobre as consequências próprias da pesquisa, bem como novas descobertas.

Contudo, dada a diversidade de tipos de textos científicos, em alguns casos pode haver diferenças quanto ao material, ao enfoque dado, à utilização de um ou outro método, de uma ou outra técnica. Nesse sentido, cada um dos tipos de trabalhos científicos possui uma estruturação própria, como você pode ver a seguir (MARCONI; LAKATOS, 2017).

A **monografia** é composta pelas partes listadas a seguir.

- Introdução: formulação precisa do tema da investigação; é a apresentação sintética da questão, incluindo a importância da metodologia e uma rápida referência a trabalhos anteriores sobre o mesmo assunto.
- Desenvolvimento: fundamentação lógica do trabalho de pesquisa, cuja finalidade é expor e demonstrar. No desenvolvimento, podem-se levar em consideração três fases ou estágios: explicação, discussão e demonstração.
  - Explicação — é o ato pelo qual se faz explícito o implícito, claro o escuro, simples o complexo. Tem por objetivo explicar e apresentar o sentido de uma noção, analisar e compreender procurando suprimir o ambíguo ou obscuro.
  - Discussão — é o exame da argumentação da pesquisa: explica, discute, fundamenta e enuncia as proposições.
  - Demonstração — é a dedução lógica do trabalho; implica o exercício do raciocínio. Demonstra que as proposições, para atingirem o objetivo formal do trabalho e não se afastarem do tema, devem obedecer a uma sequência lógica.
- Conclusão: fase final do trabalho de pesquisa, mas não somente um fim. Como a introdução e o desenvolvimento, possui uma estrutura própria.

A **dissertação**, por sua vez, é composta pelas partes listadas a seguir.

- Introdução: consiste na formulação do tema, em sua delimitação no tempo e no espaço, na exposição de objeto, objetivos, justificativa, metodologia e referência teórica.
- Desenvolvimento: corpo da dissertação. Inclui: revisão da literatura, formulação do problema, hipóteses e variáveis, pressupostos teóricos, descrição dos métodos e técnicas da pesquisa, explicitação dos conceitos,

análise e interpretação dos dados. A disposição do corpo da dissertação faz-se em três estágios: explicação, discussão e demonstração. O desenvolvimento é subdividido em partes ou capítulos.

- Conclusão: apresentação dos principais resultados obtidos, vinculados à hipótese de investigação, cujo conteúdo foi comprovado ou refutado.

O **artigo científico** tem a mesma estrutura orgânica exigida para outros trabalhos científicos. Apresenta as partes listadas a seguir.

- Preliminares
    - Cabeçalho: título (e subtítulo) do trabalho
    - Autor(es)
    - Credenciais do(s) autor(es)
    - Local de atividades
- Sinopse
- Corpo do artigo
    - Introdução — apresentação do assunto, objetivo, metodologia, limitações e proposição
    - Texto — exposição, explicação e demonstração do material; avaliação dos resultados e comparação com obras anteriores
    - Comentários e conclusões — dedução lógica, baseada e fundamentada no texto, de forma resumida
- Parte referencial
    - Bibliografia (referências)
    - Apêndices ou anexos (quando houver necessidade)
    - Agradecimentos
    - Data (importante para salvaguardar a responsabilidade de quem escreve um artigo científico, em face da rápida evolução da ciência e da tecnologia e da demora na publicação de trabalhos)

A **tese** possui uma estrutura semelhante à da monografia e à da dissertação, só que o tema deve ser mais amplo e aprofundado. Uma tese é composta pelas partes listadas a seguir.

- Preliminares
- Corpo da tese
    - Introdução
        - Definição do tema
        - Delimitação

- – Localização no tempo e no espaço
- – Justificativa da escolha
- – Objetivos
- – Definição dos termos
- – Indicação da metodologia
- Desenvolvimento
  - – Revisão da literatura
  - – Metodologia ou procedimentos metodológicos
  - – Construção dos argumentos
  - – Apresentação, análise e interpretação dos dados
- Conclusões e recomendações
- Parte referencial

Por fim, a **resenha** apresenta a estrutura a seguir.

- Referência bibliográfica
  - Autor(es)
  - Título (subtítulo)
  - Elementos de imprensa (local da edição, editora, data)
  - Número de páginas
  - Ilustração (tabelas, gráficos, fotos, etc.)
- Credenciais do autor
  - Informações gerais sobre o autor
  - Autoridade no campo científico
  - Quem fez o estudo?
  - Quando? Por quê? Onde?
- Conhecimento
  - Resumo detalhado das ideias principais
  - De que trata a obra? O que diz?
  - Possui alguma característica especial?
  - Como foi abordado o assunto?
  - São necessários conhecimentos prévios para entender a obra?
- Conclusão do autor
  - O autor apresenta conclusões?
  - Onde foram colocadas? (Final do livro ou dos capítulos?)
  - Quais foram?

- Quadro de referências do autor
  - Modelo teórico
  - Que teoria serviu de embasamento?
  - Qual foi o método utilizado?
- Apreciação
  - Julgamento da obra. Como se situa o autor em relação:
    - às escolas ou correntes científicas, filosóficas, culturais?
    - às circunstâncias culturais, sociais, econômicas, históricas, etc.?
  - Mérito da obra
    - Qual é a contribuição dada?
    - Há ideias verdadeiras, originais, criativas?
    - Há conhecimentos novos, amplos, abordagem diferente?
  - Estilo
    - Conciso, objetivo, simples?
    - Claro, preciso, coerente?
    - Linguagem gramatical (norma padrão)?
  - Forma
    - Lógica, sistematizada?
    - Há originalidade e equilíbrio na disposição das partes?
  - Indicação da obra
    - A quem é dirigida: grande público, especialistas, estudantes?

Agora que você já conhece os tipos de textos científicos e os elementos que os compõem, é interessante que você saiba mais detalhes sobre cada um desses elementos. Você também deve ter em mente os aspectos a que precisa atentar, garantindo a adequada apresentação de seu trabalho de pesquisa. É isso que você vai ver a seguir.

Apresentação de um trabalho de pesquisa científica

Como você viu, um texto científico é composto por diversas partes que formam a sua estrutura. Como existem diferentes tipos de textos científicos, essa estrutura pode apresentar variações. Desse modo, dada a diversidade de maneiras de estruturar um texto científico, é essencial identificar aquela definida nas orientações da fonte para a qual a publicação se destina. Isso permite que se tenha uma visão melhor de todo o texto e, consequentemente, de seus detalhamentos.

Boa parte dos trabalhos científicos (como dissertações de mestrado, teses de doutorado, artigos científicos e trabalhos de conclusão de curso) apresenta uma estrutura universal, uma vez que segue normas de apresentação, sejam elas nacionais ou internacionais. Contudo, pode ocorrer também de a fonte não especificar a estrutura a ser seguida na elaboração do texto. Nesses casos, a utilização de normas é igualmente uma ótima referência para o desenvolvimento do texto e da sua estrutura.

Existem órgãos destinados ao fornecimento de recomendações a respeito da elaboração de textos científicos, como é o caso da Associação Brasileira de Normas Técnicas (ABNT). No Brasil, a ABNT é responsável por um conjunto de normas que regulam a confecção de textos científicos, possuindo em seu catálogo algumas normas que tratam da elaboração de diferentes elementos do texto.

Saiba mais

Entre as normas contidas no catálogo da ABNT, algumas tratam sobre a elaboração de textos científicos. Veja alguns exemplos a seguir.
- NBR 6022: apresentação de textos
- NBR 6023: elaboração de referências
- NBR 6024: numeração das seções de documentos
- NBR 6027: sumário
- NBR 6028: resumo
- NBR 10520: citações em documentos
- NBR 10719: relatórios técnico-científicos
- NBR 14724: apresentação de trabalhos acadêmicos, incluindo aspectos gráficos
  Você pode conhecer mais sobre a ABNT no *link* a seguir.

https://qrgo.page.link/1L5R2

Cada norma tem a sua especificidade. Elas indicam desde a estrutura da apresentação de um texto científico até a forma de fazer uma citação ou indicar uma referência bibliográfica. O atendimento às orientações oferecidas por meio das normas melhora a estrutura dos textos, viabilizando a elaboração adequada de cada um de seus elementos e também do conjunto por eles formado, garantindo a boa apresentação do trabalho.

Fique atento

A utilização de normas é uma ótima forma de estruturar o seu trabalho científico. Contudo, você deve ficar atento: a estruturação deve ser seguida de acordo com o tipo de texto científico a ser elaborado e também com as indicações oferecidas pela fonte (instituição de ensino ou outra entidade) à qual a publicação se destina. Então, procure se informar a respeito antes de iniciar a sua produção.

Os elementos integrantes da estrutura de um texto científico podem ser classificados em três categorias: pré-textuais, textuais e pós-textuais. Os elementos pré-textuais trazem informações que auxiliam na imediata identificação do conteúdo, enquanto os elementos textuais tratam da exposição da matéria, sendo compostos por seções e subseções; por fim, os elementos pós-textuais compreendem informações que complementam o texto científico. Cada uma dessas categorias, por sua vez, compreende diferentes elementos integrantes do texto, como você pode ver no Quadro 1, que ilustra tal estrutura tomando como exemplo o artigo científico (MARCONI; LAKATOS, 2017).

Quadro 1. Elementos pré-textuais, textuais e pós-textuais dos textos científicos

Pré-textuais	Textuais		Pós-textuais
	Artigo original	**Artigo revisão**	
Título e subtítulo (se houver) Nome(s) do(s) autor(es) Resumo na língua do texto Palavra-chave na língua do texto	Introdução Material e método Desenvolvimento Resultados Discussão Conclusão Referências	Introdução Metodologia Desenvolvimento Conclusão Referências	Título e subtítulo (se houver) em língua estrangeira Resumo em língua estrangeira Palavras-chave em língua estrangeira Nota(s) explicativa(s) Referências

Fonte: Adaptado de Marconi e Lakatos (2017).

Como você pode ver no Quadro 1, um texto científico é composto por diversos elementos, que correspondem às partes listadas a seguir:

- Título: funciona como uma manchete, sendo escrito de forma enxuta, concisa.
- Autor(es): aquele(s) que desenvolve(m) a pesquisa e escreve(m) o texto.
- Afiliação: instituição de vínculo do(s) autor(es), que pode ser de trabalho, de estudo ou estágio.
- Resumo e *abstract*: o resumo é uma síntese do texto, e o *abstract* é o resumo em inglês.
- Palavras-chave: palavras importantes da pesquisa, que servem para buscas no banco de dados. São apresentadas no idioma do texto e também em inglês (*keywords*).
- Introdução: relato do que tem sido feito em anos recentes sobre o tema pesquisado.
- Objetivo: indicação do que motivou a pesquisa e o texto, apresentada no último parágrafo da introdução.
- Material e métodos: relato de onde a pesquisa foi feita, o que foi utilizado, como foi conduzida e a maneira como foi analisada.
- Resultados e discussão: amostra do que foi obtido por meio da pesquisa, incluindo também ponderações sobre os resultados encontrados por outros pesquisadores.
- Conclusão: resposta breve às questões propostas nos objetivos da pesquisa.
- Agradecimentos: pequeno espaço para demonstrar gratidão por colaborações técnicas relevantes (pessoas ou entidades).
- Referências bibliográficas: lista de publicações citadas no corpo do texto científico (AQUINO, 2010).

Saiba mais

Dependendo de fatores como o tipo de texto científico e a instituição à qual ele se destina, esse conjunto de elementos pode se modificar. Além disso, sua ordenação pode sofrer algumas variações ou mesmo junções, como é o caso do agradecimento, que pode aparecer ou não, ou mesmo estar contido no próprio texto de introdução. Algumas revistas científicas, por exemplo, costumam dividir material e métodos em duas seções, assim como resultados e discussão.

O importante é que você tenha consciência de que um texto científico é composto por diversos elementos, cada um destinado a cumprir um papel específico no conjunto da obra. Além de saber no que consiste cada elemento, é recomendável que você também saiba o que é esperado de cada parte do texto. A seguir, veja algumas dicas importantes (AQUINO, 2010).

- **Título:** como diz o ditado, não se deve julgar um livro pela capa. Do mesmo modo, não se deve julgar o texto apenas pelo seu título. Muitas vezes, o termo científico relativo ao tema pode não estar contido no título do texto, mas ainda assim o trabalho pode possuir conteúdo a respeito dele. Nesses casos, as palavras-chave ou os primeiros parágrafos da introdução podem ser alternativas úteis para oferecer mais pistas. Por outro lado, é preciso tomar cuidado para que o título não contenha termos que pareçam fatos mas que, na verdade, sejam apenas especulações, ou seja, o título não deve prometer algo que o conteúdo não cumpre. Além disso, é preciso também atentar para que o título não seja complicado ou intimidador demais: se o título for difícil de compreender, será necessário investir mais nas palavras-chave e na introdução.

- **Autor(es) e afiliação:** esses elementos possuem dois propósitos básicos, que são, respectivamente, apresentar o pesquisador e oferecer informações sobre a instituição à qual o trabalho se destina, muitas vezes incluindo até informações de contato da instituição e do pesquisador. Assim, caso o leitor tenha interesse em obter mais detalhes sobre determinado assunto abordado no texto, terá a chance de fazer contato e solicitá-los.

- **Resumo e *abstract*:** apresentam uma miniatura de um texto completo, contendo uma síntese de todas as partes importantes do texto científico. Por meio deles, é possível saber o que foi estudado, como o experimento foi conduzido e que resultados foram encontrados. Entre os principais tópicos do resumo, estão a justificativa do estudo e o problema, com uma proposta a investigar e pesquisar. Se isso não estiver contido no resumo, é sinal de alerta, e o texto em sua totalidade pode não ser efetivo em seus propósitos enquanto texto científico. O *abstract* corresponde a uma versão traduzida do resumo para o inglês, ou algumas vezes para o espanhol (neste caso, recebe o nome de *resumen*).

- **Palavras-chave:** essa costuma ser a menor seção do texto, mas ainda assim é de grande valia, pois serve para a alimentação de bases de dados de pesquisa, permitindo que as ferramentas de busca identifiquem facilmente os textos que contenham determinadas palavras.

- **Introdução:** corresponde à base de toda a escrita científica contida no texto, sendo geralmente a parte mais informativa. Costuma ser iniciada por uma sentença mais abrangente e ir se aprofundando no foco da pesquisa a cada frase complementar. Também se encarrega de apresentar a maior parte dos termos técnicos que serão abordados no texto. A introdução é, na maioria dos casos, composta por três partes distintas: o presente (o que está acontecendo no presente em relação aos pontos mais importantes da pesquisa), o passado (relato de pesquisas anteriores sobre o que trata a pesquisa, servindo de fundamentação) e o agora (momento em que a proposta da pesquisa está sendo lapidada para que, em poucos parágrafos, seja revelada por meio do objetivo). A introdução é responsável por apresentar a importância da pesquisa ao leitor; assim, uma introdução convincente deve cativá-lo.

- **Objetivo:** é o propósito da pesquisa, que será trabalhado no texto. É apresentado, na maioria das vezes, no último parágrafo da introdução.

- **Material e métodos:** essa seção tem a intenção fundamental de permitir ao leitor replicar a pesquisa, caso isso lhe interesse. A ideia é detalhar os materiais que foram empregados na realização da pesquisa (como equipamentos e, por vezes, até a indicação do local onde o experimento foi realizado) e também os métodos utilizados na condução do estudo e em sua análise (o que pode ser feito de forma apenas descritiva ou demonstrado por meio de diagramas).

- **Resultados e discussão:** resultados são geralmente exibidos com o apoio de elementos gráficos, como tabelas, figuras, gráficos, diagramas, fotos e outros. A ideia é compactar as informações encontradas e torná-las mais compreensíveis. Os resultados costumam ser apresentados na sequência do que foi relatado na introdução, sendo que as ilustrações geralmente são apresentadas seguindo a ordem do conteúdo no texto. Os resultados apresentados em tabelas tendem a uma leitura mais seletiva (o leitor foca nos parâmetros de seu interesse), enquanto as figuras são mais didáticas e voltadas para a totalidade da informação que o autor deseja transmitir, sendo que ambas podem contar com legendas. Um dos tipos de figuras mais encontrados nos textos científicos são os gráficos, que podem ser apresentados em diferentes tipos, como gráficos de barras, de colunas, de pizza, de linha, de dispersão e tantos outros. A discussão, por sua vez, é a parte em que o autor tem a liberdade de refletir sobre os resultados obtidos, comparando-os com a literatura existente para mostrar concordância ou discordância com outros trabalhos já realizados (mencionados na introdução), muitas vezes utilizando análise estatística para referendar a interpretação dos resultados. Nessa parte, é importante estar atento com relação à diferença entre fato e especulação (que geralmente contém palavras como "provavelmente" e "aparentemente"), visto que uma boa discussão deve ser baseada em fatos.

- **Conclusão:** tem a nobre função de atestar novos conhecimentos sobre algum assunto, correspondendo ao ápice do trabalho realizado pelo pesquisador, que inclui desde o projeto até o experimento, passando pela coleta de dados, pela análise e pela revelação dos resultados. Em estudos que buscam testar uma hipótese, a conclusão pode ser tanto positiva quanto negativa, e em ambos os casos a sua valia é concreta. A conclusão pode ainda fomentar novas ideias além do que foi apresentado no texto, tanto para o autor do trabalho quanto para quem o estiver lendo. É importante estar atento para que a conclusão e os resultados apresentem uma relação de consistência, havendo uma conexão direta entre cada conclusão intercalada e o resultado obtido. Isso permite averiguar se a conclusão é baseada em fatos ou na especulação do autor.
- **Agradecimentos:** embora seja uma seção muitas vezes ignorada por quem está lendo o texto, pode carregar algumas informações úteis, como nomes de pessoas e de instituições envolvidas na pesquisa e que tenham colaborado na sua condução (seja no todo ou em alguma etapa específica). Cabe lembrar que essa não é uma parte obrigatória, por isso o texto pode não possuir tal seção.
- **Referências bibliográficas:** esse é um elemento que pode apresentar diferenças de acordo com a instituição para a qual o texto se destina, visto que algumas utilizam o padrão da ABNT enquanto outras têm formatos próprios. O principal propósito dessa seção é relacionar as referências relativas às informações e autores citados ao longo do texto, garantindo que o devido crédito seja concedido e ainda oportunizando que o leitor acesse as obras para buscar mais informações.

Além de saber o que abordar em cada elemento da apresentação de sua pesquisa científica, você também deve estar atento a aspectos como tempo, foco e finalização. Você precisa se planejar para o desenvolvimento de cada um dos elementos, reservando e cumprindo o tempo estabelecido para as etapas. Além disso, você deve realizar todas as atividades de modo a preservar o foco de sua pesquisa, para que ela possa de fato ser finalizada e gerar os resultados pretendidos.

 **Referências**

AQUINO, I. de S. *Como ler artigos científicos:* da graduação ao doutorado. São Paulo: Saraiva, 2010.

BARROS, A. J. da S.; LEHFELD, N. A. de S. *Fundamentos de metodologia científica.* 2. ed. amp. São Paulo: Pearson Education do Brasil, 2000.

KOLLER, S. H.; COUTO, M. C. P de P.; HOHENDORFF, J. V. (org.). *Manual de produção científica.* Porto Alegre: Penso, 2014.

MARCONI, M. de A.; LAKATOS, E. M. *Fundamentos de metodologia científica.* 8. ed. São Paulo: Atlas, 2017.

SEVERINO, A. J. *Metodologia do trabalho científico.* 23. ed. São Paulo: Cortez, 2007.

Leituras recomendadas

ASSOCIAÇÃO BRASILEIRA DE NORMAS TÉCNICAS. Rio de janeiro: ABNT, 2019. Disponível em: www.abnt.org.br. Acesso em: 14 maio 2019.

ASSOCIAÇÃO BRASILEIRA DE NORMAS TÉCNICAS. *ABNT NBR 10520:* citações em documentos. Rio de Janeiro: ABNT, 2002.

ASSOCIAÇÃO BRASILEIRA DE NORMAS TÉCNICAS. *ABNT NBR 10719:* relatórios técnico-científicos. Rio de Janeiro: ABNT, 2011.

ASSOCIAÇÃO BRASILEIRA DE NORMAS TÉCNICAS. *ABNT NBR 14724:* apresentação de trabalhos acadêmicos, incluindo aspectos gráficos. Rio de Janeiro: ABNT, 2011.

ASSOCIAÇÃO BRASILEIRA DE NORMAS TÉCNICAS. *ABNT NBR 6022:* apresentação de textos. Rio de Janeiro: ABNT, 2003.

ASSOCIAÇÃO BRASILEIRA DE NORMAS TÉCNICAS. *ABNT NBR 6023:* elaboração de referências. Rio de Janeiro: ABNT, 2018.

ASSOCIAÇÃO BRASILEIRA DE NORMAS TÉCNICAS. *ABNT NBR 6024:* numeração das seções de documentos. Rio de Janeiro: ABNT, 2012.

ASSOCIAÇÃO BRASILEIRA DE NORMAS TÉCNICAS. *ABNT NBR 6027:* sumário. Rio de Janeiro: ABNT, 2012.

ASSOCIAÇÃO BRASILEIRA DE NORMAS TÉCNICAS. *ABNT NBR 6028:* resumo. Rio de Janeiro: ABNT, 2003.